世界和我爱着你

壹心理

我对自己有办法

如何走出
日常生活中的50个心理困境

壹心理　著
大鱼九九　绘

苏州新闻出版集团
古吴轩出版社

图书在版编目（CIP）数据

我对自己有办法：如何走出日常生活中的50个心理困境 / 壹心理著；大鱼九九绘. -- 苏州：古吴轩出版社，2024. 10. -- ISBN 978-7-5546-2450-0（2025.1重印）

Ⅰ.B84-49

中国国家版本馆CIP数据核字第2024FZ1274号

责任编辑：任佳佳
策　　划：周　彤　张禧贤
版式设计：卓伟宁

书　　名：我对自己有办法：如何走出日常生活中的50个心理困境
著　　者：壹心理
绘　　者：大鱼九九
出版发行：苏州新闻出版集团
　　　　　古吴轩出版社
　　　　　地址：苏州市八达街118号苏州新闻大厦30F
　　　　　电话：0512-65233679　　邮编：215123
出 版 人：王乐飞
印　　刷：河北朗祥印刷有限公司
开　　本：787mm×1092mm　1/32
印　　张：8.25
字　　数：145千字
版　　次：2024年10月第1版
印　　次：2025年1月第2次印刷
书　　号：ISBN 978-7-5546-2450-0
定　　价：59.80元

如有印装质量问题，请与印刷厂联系。022-69485800

序
给问题多点时间，给自己多点接纳

尼采曾说："人生是一面镜子，我们梦寐以求的第一件事情就是从中辨认出自己。"

在社会加速变化的大背景下，年轻人看似比以前有了更多选择：裸辞、斜杠青年、数字游民……但也比以往更加迷茫，还没来得及完成社会化的转变，便被推入更庞大的课题中：自我认同、情绪健康、人格成长、原生家庭、人际关系……一个个议题铺开在眼前，令人手足无措。

那么，办法到底在哪里？

我们梳理出困扰大部分年轻人的问题，希望大家能在遇到困惑时翻开这本书，找到属于自己的办法，驱散迷茫，轻装上阵。

Step 1：学会自我认同，
　　　　是松动所有问题的第一步

你喜欢自己吗？也许犹豫许久也说不出"喜欢"。一颗心习惯了挑剔和批判，总是将自己置于"他者"的位置去打量。

"如果你做到……，我们就会开心"之类的话耳熟吗？我们一直对"无条件的爱""被坚定地选择"无比憧憬，却不敢奢求。仿佛只有成为足够好的人，才配得上被喜爱。一体两面，自我厌恶也因此而生。

可越是在自我厌恶的歧途上狂奔，你离真实的自己就越远。在追逐优秀、强大的路上，请你别忘了当下的感受，学会拥抱不完美的自己，是他一直陪伴着你。

Step 2：学会处理情绪，
　　　　也就学会了掌控大半的生活

遇到困难，情绪先行。我们很多人都是这样的，事情的乱麻还未厘清，情绪的波涛便一浪接着一浪袭来。有时候还得强颜欢笑，故作坚强。演久了，连表达真实的情绪都成了一种奢求。情绪是无法靠压抑和掩饰消除的，只有学会找到合适的疏解途径，为情绪转换频道，打造自己独特的心灵避难所，才能帮你避免一次次陷入情绪的旋涡。

放下自责与对抗，让情绪穿过自己。打倒我们的往往不是事情本身，而是对它的猜测和恐惧。有时候，我们需要适当发挥"情绪钝感力"，让行动先走一步。

Step 3：每次与他人的链接，都是生命的礼物

"有毒"的原生家庭、错误的伴侣、具有破坏性的朋友……好像无论哪一个，都能让我们深陷泥沼。我们不感谢苦难，但为了心头畅快，可以重新解读苦难。被忽视的孩子心里总有一肚子委屈，但也可能因此提前掌握了察言观色的超强适应力；错误的伴侣在我们心上留疤，而排除错误选项的过程，却也成为我们向上生长的动力；在多边友谊中受挫，让我们领会到处在一个滋养自己的环境中的重要性……

关系的质量影响我们的幸福感，可讨好从不是正确的姿态，你不需要满足所有人的需求。大胆去寻找滋养你的关系，而不是

成为关系中的垫脚石、垃圾桶。

生命中最珍贵的礼物也许有最不起眼的包装。希望它对你能有所启发，让你走向最期待与适合的人们。

Step 4：爱自己，从好好照顾自己开始

KPI（关键绩效指标）、涨薪、向上管理……那才不是生活的全部。给自己一点时间吧，去哭，去笑，去睡觉。好好泡个热水澡，在塑料瓶里插几朵鲜花，仔细品尝食物的味道……这些不起眼的小事，占据着生命的很大一部分时间，就像一个个小锚点，帮我们锚定生活的节奏，稳固我们的内心。

这些如沙砾般被"浪费"的时间，才会是未来人生回忆中的"珍珠"。

Step 5：学会为自己鼓掌，进一寸有一寸的欢喜

我们生活在很"赶"的时代，赶着去奔赴未来——"更好的

自己""更高的成就"——总幻想一蹴而就，一跃成为最终版本的自己。然而，最快捷的方式永远是慢慢来，更好的自己需要精心雕琢，正如美丽的鲜花要用汗与泪浇灌。等到明天掌声响起，你能底气十足地告诉自己："我值得。"

自我成长的这一路，是艰难痛苦的。学会延迟满足，学会自律而非他律，学会在失败中一次次爬起……这一路很难，你需要学会为自己鼓掌，即使四下无人。

"在生命中，最微不足道但有意义的事物，也比最宏大但无意义的事物更有价值。" 荣格如是说道。年轻意味着时间与机会，一切都还来得及。不需要羡慕别人飞得多快、多高，一代人有一代人专属于自己的独特经历与议题。

愿你能在自己身上，克服这个时代，找到专属于自己的"人生办法"。

目录

Chapter 1
自我认同：把自己当作朋友

1 你相信吗？很多人都对自己充满恶意 ·002

2 你所喜欢和讨厌的，都是你自己 ·006

3 为什么你总是维持现状 ·010

4 你并不需要成为某个更好的别人 ·014

5 我们有很多身份，但只有一个自我 ·020

6 永远"置顶"自己的感受，活在喜欢的状态里 ·024

7 你无须向任何人证明你自己 ·030

8 人生的很多美好，是从认识真实的自我开始的 ·034

9 想活出怎么样的人生，你说了算 ·038

10 值得被爱是个伪命题 ·042

Chapter 2
情绪脱敏：生活中的困扰，都是情绪打了败仗

1. 在想笑的时候笑吧，别只在该笑的时候笑 ·050
2. 别再说你是为我好 ·054
3. 99%的不快乐，都是因为共情过剩 ·058
4. "作"的人比一般人更加渴望爱 ·062
5. 别把不成功和"我很差劲"捆绑在一起 ·066
6. 如何避免陷入情绪旋涡 ·070
7. 我累了，先这样吧 ·076
8. 风吹哪页读哪页 ·080
9. 停止对抗，远离焦虑 ·086
10. 如何减轻精神内耗 ·090

Chapter 3
深度疗愈：所有遇见，都是生命的礼物

1. 你是那个从小被忽视的孩子吗 ·098
2. 我们天生具有爱的能力，只是习得了恨 ·102
3. 假性亲密：每天在一起却感觉不到爱 ·108
4. 超越原生家庭 ·114
5. 你不用对别人的情绪负责 ·118
6. 可以翻脸，是一段关系的底线 ·124
7. 不要高估你和其他人的关系 ·130
8. 情感勒索有多可怕 ·136
9. 孤独的力量，内心才是一切的答案 ·140
10. 不讨好任何人的你，更令人着迷 ·146

Chapter 4
爱自己，爱生活：日常生活的力量

1 简化你的生活 ·152

2 累了就好好睡个觉吧 ·156

3 哭本身就在解决问题 ·162

4 吃掉烦恼？总想吃东西的人，原来都是情绪在作怪 ·166

5 给烦恼设个"时间窗口" ·170

6 整理房间就是整理人生 ·174

7 偶尔远离世间喧嚣，给自己一点放空的时间 ·178

8 成年人的仪式感，安放了多少内心的情绪 ·182

9 自律就是自己的节律 ·188

10 世界破破烂烂，猫狗缝缝补补 ·194

Chapter 5

自我成长：进一寸有进一寸的欢喜

1　5% 的改变，解决人生 80% 的问题　·200

2　间歇性努力，持续性摆烂　·204

3　忍住不吃棉花糖的小孩　·210

4　阻止你起舞的人，其实是你自己　·214

5　人生这点责任，自己负　·218

6　你也爱拖延？那挺好的　·222

7　适度放手，拥抱不完美　·226

8　夺回生活掌控感　·230

9　慢慢来也可以　·236

10　将"世事无常"纳入日常的人生哲学　·242

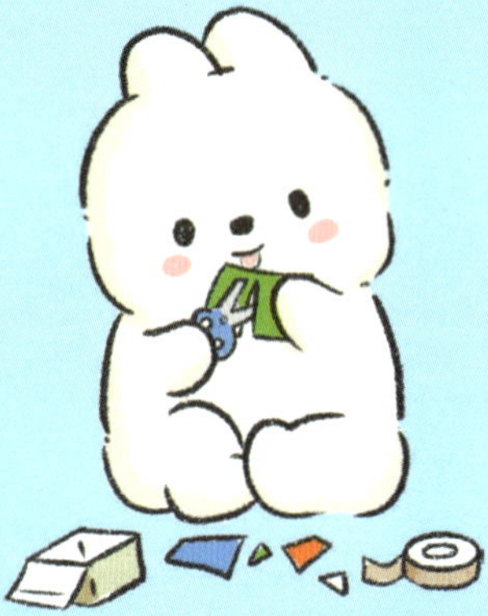

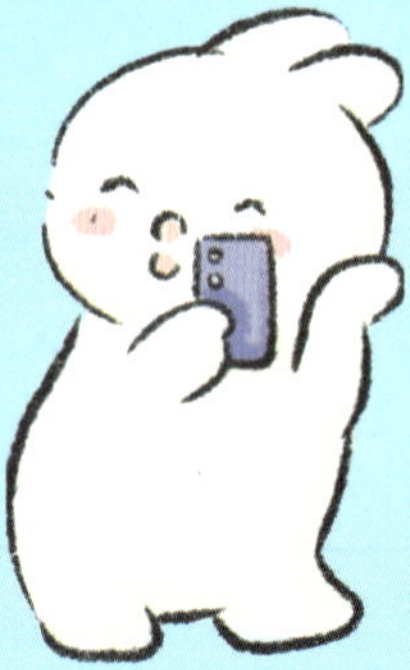

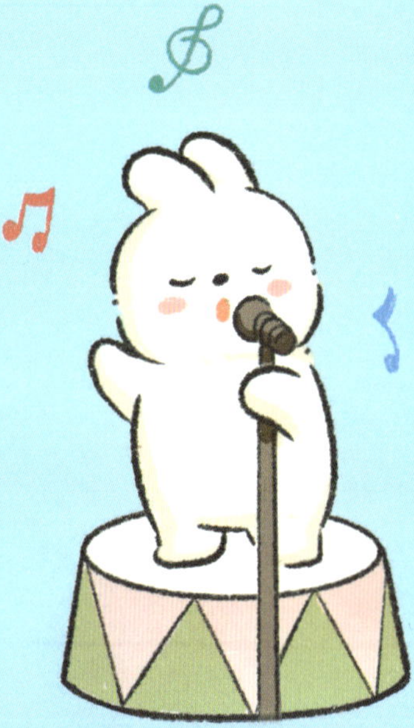

Chapter 1

自我认同：
把自己当作朋友

1 你相信吗？很多人都对自己充满恶意

人本主义心理学家马斯洛说："如果你的工具只有一柄铁锤，你就可能认为所有的问题都是铁钉。" 如果你总以严苛的眼光看待自己，就总会看到自己的问题，对自己充满恶意。

很多人在童年时，或许都曾拥有过一个极其漂亮的日记本。拿到日记本，你在向同学们炫耀一圈后，才舍得小心翼翼地翻开。在准备写下第一个字时，你口中喃喃自语："漂亮的本一定要写上最漂亮的字。"可你对自己的字迹总是不满意，不停地写了撕掉，撕了又重写，一遍又一遍。

最后，那个日记本被你塞进书桌膛的最深处，精美却不见天日，只留下撕痕。

一个对自己充满恶意的人，会活得很"皱巴"，怀着"我不够好"的主观认定，变得胆小、忧虑、羞耻感重，因此错过很多美妙的人生体验。他们需要被肯定，却又打心底里觉得自己不配，因此表现得自卑又自负，获得夸奖时过于谦虚，得不到夸奖时又会万分纠结。

世界上最大的爱，应该自己给予自己。

可惜，很多人都习惯了对自己的恶意，头脑中回荡的那个声音永远在苛责和贬低自己。因为太在意做得好不好、优秀不优秀，所以很难痛痛快快地做事、开开心心地享受过程。

久而久之，便陷入自我厌恶的牢笼，压抑自己的生命力。

你要知道，全世界的爱，都抵不过你对自己的恶意。

在灵魂的秘密角落里，请一次又一次尝试着对自己说："**真正的爱，从来只是一个不完美的自己对另一个不完美的自己产生的共情。是看到你满身瑕疵、痛苦挣扎时，我们想要表达的温柔。**"

我们应该从现在开始，允许自己充分地爱自己，好让自己能够容纳一些世界的善意。

抛弃掉所有一概而论的主观论断，不论是他人灌输的，还是自发形成的，避免对自己的某方面特质粗暴地下定义。

从事实和过程出发，通过行为、言语、感受本身，重新看待自己。

对不起，我的刺扎到你啦。

没关系！

明天见！

昨天我的刺扎到小兔了，它不愿意和我玩了吧。

我很爱你，会想尽办法抱抱你！

2 你所喜欢和讨厌的，都是你自己

叔本华曾言："人性有一个最特别的弱点，就是在意别人如何看待自己。"我们总是让外界的评价成为衡量自我价值的标尺，却未曾想过，那些扰乱我们心神的评价，其实都是我们内心的投射。

心理投射是一个重要的心理学概念，最早由著名心理学家弗洛伊德提出。**他认为，这是一种无意识地将自己的想法、情绪、动机等归于他人身上的倾向。**简单来说，就是我们会将自身不愿面对或不愿承认的情绪、特质转移到外部的人或事上。我们眼中的他人，往往是我们内心深处某个不愿触及的自我的倒影。

同样，别人看到的，只不过是他们自己的想法和期待的投射。如果一个人总是指责你，觉得你不好，那么很可能他内心深处也存在对自己的不满。这种不满被投射到了你身上，让你感觉到了被针对。而实际上，他的指责可能只是他内心深处的不安和痛点的反映，与你并无直接关系。

我们所看到的外在世界的每件事，我们所看到的外在世界的很多方面，往往可以反映我们内心的状态。

你眼中的自己不是你，别人眼中的你也不是你，而你如何看待别人，则可能更多地反映了你自己的内心世界。

投射是一种防御机制，别人对你的指责和评价，只是他内心阴影的不自知的转移。他希望通过攻击别人，达到让自己减轻痛苦和不被伤害的目的。

要减少他人的投射对我们造成的影响，我们要学会区分外界的评价和自己内心的声音。当我们感到痛苦时，不要急于反驳或逃避，而是先静下心来，问问自己：**这些痛苦的感受是从哪里来的？它们真的是外界强加给我们的吗？**

我们所遇到的每一个人，都是我们内心世界的一面镜子。理解了这一点，你就能从人际关系的痛苦中解脱出来，感受到前所未有的自由。因为你知道，外面没有别人，只有你自己。

列举出与人交往时，你最看重的三个品质。

真诚、善良、敏锐……

这些品质让你感到熟悉或许是因为你本身就拥有它们，只不过你在他人身上再次发现了拥有美好品质的自己。

你对我的百般注解和
识读并不构成
万分之一的我，
却是一览无余的你自己。

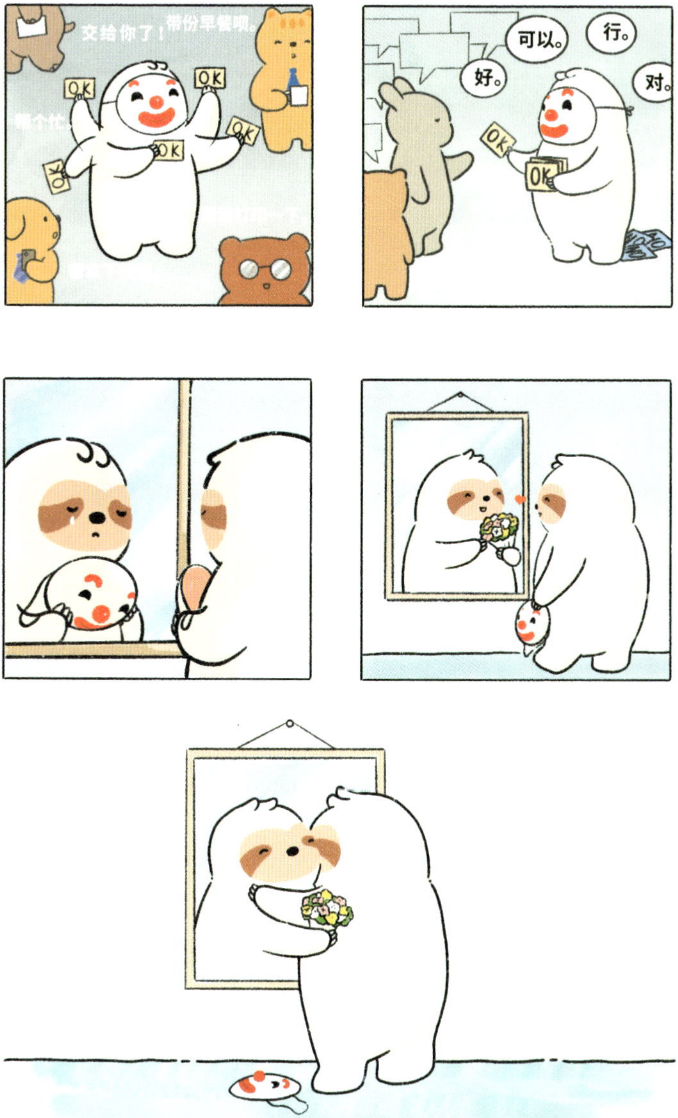
交给你了！
带份早餐呗。
帮个忙。
OK
OK
OK
OK
OK
可以。
行。
好。
对。
OK
OK

3 为什么你总是维持现状

休假结束,明明每天嚷嚷着要裸辞的你还是准点坐到了熟悉的工位上。与难缠的客户讨论工作细节,向上司汇报时又一次被同事抢功,加班做着永远处理不完的工作。

日复一日,年复一年。

比起自己现实的生活,别处的生活总是更精彩的。在微信朋友圈里看到某人分享的近期生活、工作、旅行这些近况,总是不自觉遐想——自己所做的选择真的正确吗?

我们之所以能够忍受日复一日枯燥无味的生活,核心原因其实就是对不确定性的恐惧(Intolerance of Uncertainty),指一个人由于无法忍受明显、关键或足够信息的缺失,而引发的厌恶反应。

在周遭充斥着不确定性的时候,我们所能抓住的一点就分外珍贵。

厌恶不确定性，其实是人类的生物学本能，不确定感会带来不适——实验表明：同样的电击强度下，与 100% 会触电的情况相比，如果参与者有 50% 的机会受到电击，那么他们会表现出更大的压力。

无论你是想做出一些改变，抑或是想要坚持走好脚下的路，在试图做出任何选择前唯一确定的是自我的稳定。

请注意，此处所提出的"稳定"，并非一成不变、固步自封，而是不管别人的生活如何，比你好或是差，你都能坚信"我所做出的就是最好的选择"。

是的，在自我的建立还不够坚固的年龄段，你一直都在与内心的得与失做斗争，同每一处诱惑迂回。不用着急，也不用焦虑。**把注意力放在自己要做的事情上，同自我的成长和挣扎共处，完全承担起生活里不可避免的责任，看到那些细枝末节。**

如果想为人生开启不一样的小篇章，不妨尝试"人设改变法"。

"我不再怯懦，我是个进取的冒险家，有勇气踏入任何未知的世界。"

生命自会找到出路。

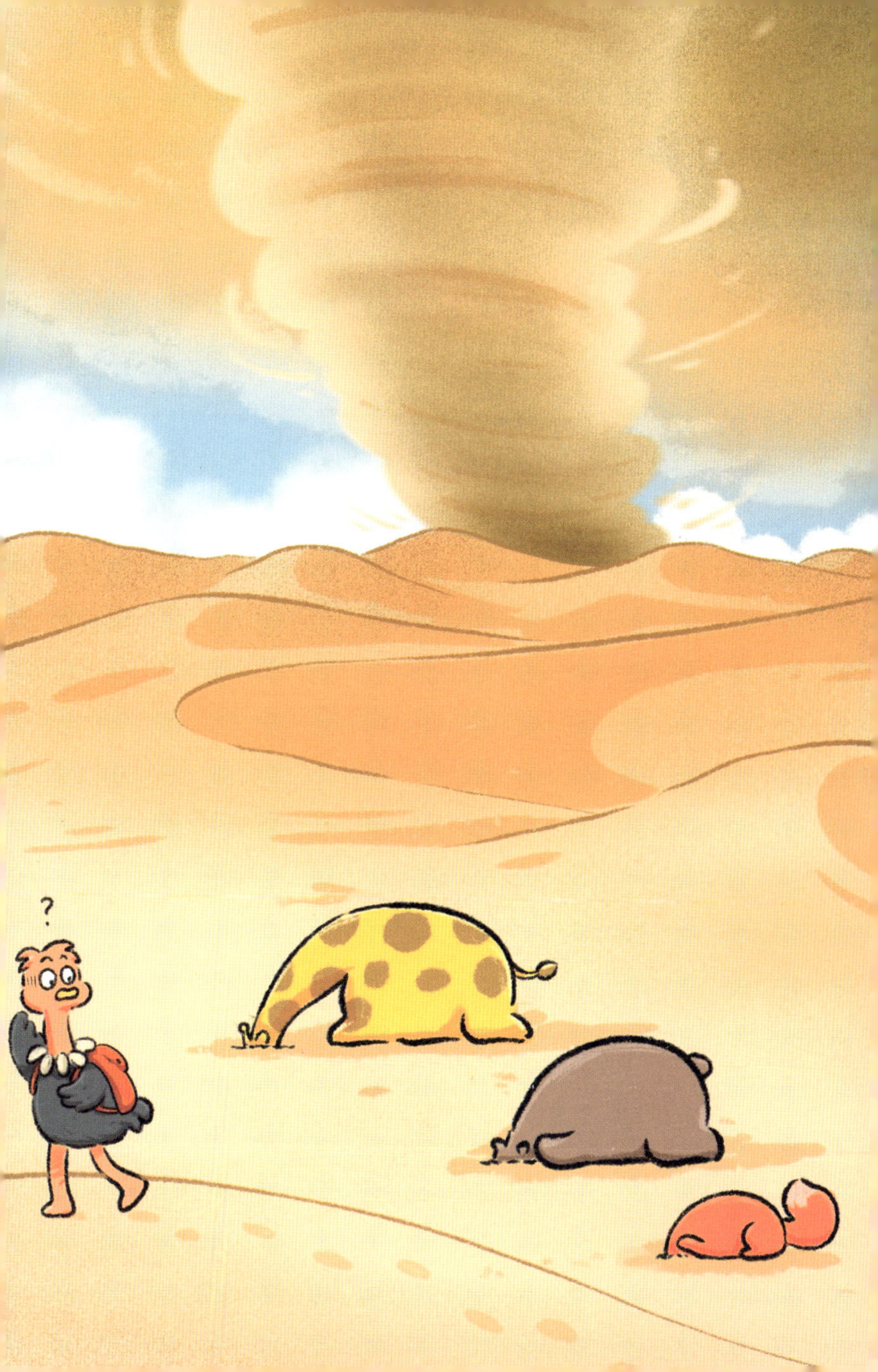

4 你并不需要成为某个更好的别人

你还记得吗？

在成长的过程中，我们一定都有过羡慕其他人的时刻，羡慕别人精致的穿着打扮、健康的家庭关系或者松弛的生活方式。我们为之努力，竭力去追求那些看起来闪闪发光的东西。

但不知道从哪一天开始，无休止的比较不再带给你动力，反而让心变得沉重起来。

我们在比较中被拉进自卑和焦虑的无底洞，陷入无尽的精神内耗："为什么我的日子总是过得那么拧巴？""我怎么总是不如别人？"……

但我们想要的，真的是成为那个看起来更好的别人吗？

男孩经历了两次考研失败后，看着身边的朋友接连"上岸"，他一方面觉得很羡慕，另一方面又不可避免地感到失落，怀疑自己的能力，对未来的人生感到迷茫。

朋友问他:"你为什么这么执着于'上岸'呢?"

他思考良久后,答道:"其实我也没想清楚,只是觉得这样才没有落后于同龄人。"

在生活中,比较的想法非常普遍。**美国社会心理学家费斯廷格就曾经提出过社会比较理论:我们在社会生活中,在缺少客观证明的情况下,正是通过不断与他人进行比较来更好地认识自身的价值。**

比较是正常的社会心理,但如果过于关注别人的成功,并且时常为此感到困扰,说明我们在潜意识中对自己的现状并不满意。当我们在潜意识中对自己的现状感到不满时,我们的自身价值感会降低。一旦自身价值感不足,我们的焦虑心理便会通过羡慕他人的方式外化出来,表现为对他人的成就、特质或生活状态的渴望和对自我现状的不安。

很多时候所谓"羡慕"一个人,只是因为看到了对方生活的某些部分,或者是看到对方身上有我们很想要的特质。**事实上,任何一种生活,在走近之后都会发现它是由无数个微小的、琐碎的、具体的事件组成,并没有看起来那么光鲜亮丽。**所以当我们说想要成为某个人的时候,其实是在说,我好想拥有另一种可能性——**成为那个想象中更加幸福、更加完善的自己。**

模仿他人会感到疲惫，但在成为自己的这条路上，没有人可以比你更加擅长。

活出自己就意味着去寻找只属于自己的道路，去观察自己内心中真正渴望的东西并勇敢追寻它。**与其说生活像旷野，不如说生活像面前这条窄窄的河流，无须畏惧真实自我的深邃和复杂，跳进去，这里有只属于你的答案。**

人生唯一能确定的就是不确定性，确定性背后，可能是更大的陷阱。要知道，"上岸"的代价，可能是拼尽我们的勇气和生命力。

人生总有风雨，
只有你能给自己托底。

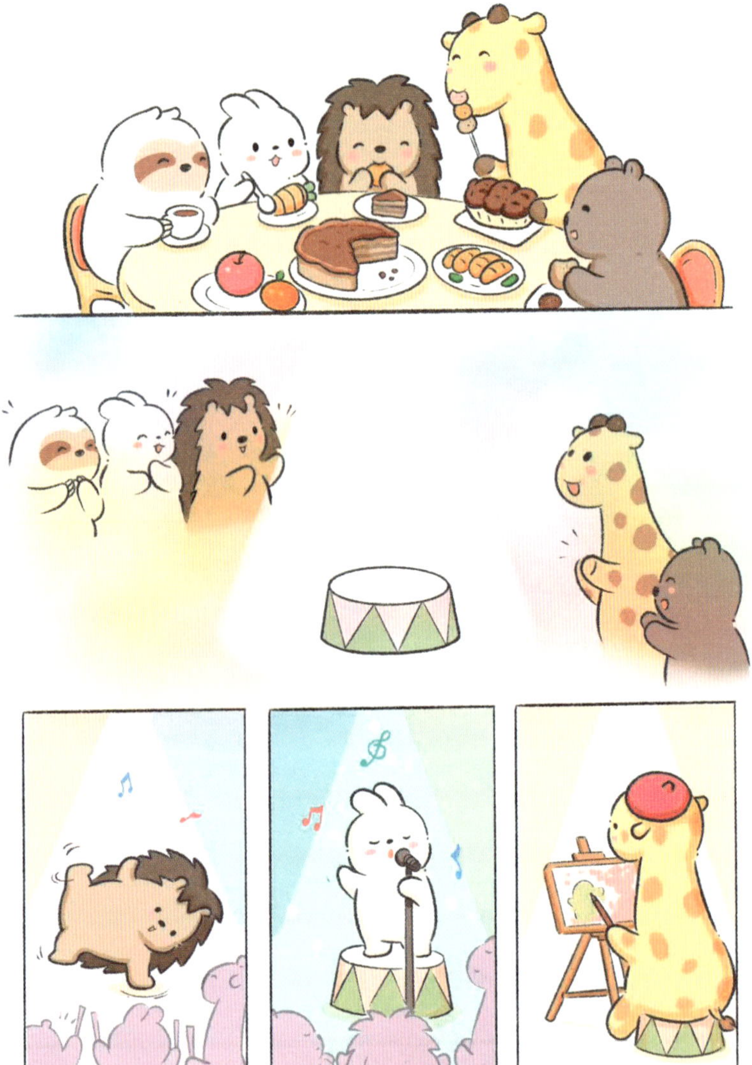

朋友们都那么厉害，为什么只有你普普通通？

马拉松比赛中，每当运动员力竭的时候，跑道边都有观众为他们加油。**我想做在跑道边为大家加油的人！**

5 我们有很多身份，但只有一个自我

《被讨厌的勇气》中有句话："人生是不断与理想的自己进行比较，而不是活在他人的评价之下。我们不是为了满足别人的期待而活着，而是为了自己活出自己的人生。"

你是否感受到，在许多时刻里，每个人都在扮演着生活里的特定角色？可能是成绩优异的学生，或者是尽职尽责的打工人，又或者是某些人的父母、子女……这些身份无形之中将你框定住，仿佛在说："为什么不这么演？为什么不演好这个既定的角色？"

可是，你真的想这么走下去吗？

角色化生存固然安全、高效，那条无形之中规训着我们的道路也相对简单、稳妥，但如果一个人一直活在角色中，就会逐渐失去自己的主体性，没有了自我。

因为在角色里，只有该不该、可不可以、行不行。你是什么样的人，你的感受如何，统统不重要，重要的是你的角色要求你

成为什么样子。

人在一生中要扮演很多角色,但角色永远不是自我,不要入戏太深,被角色绑架。

活着的花,有一万种开法。你可以成为喜欢做志愿者的上班族,或者在三十五岁重新进入校园接受教育……在不对他人造成伤害的情况下,我们每个人都拥有着独属于自己的人生选择权。

所有人都是别人故事里的"NPC(游戏中不受玩家操控的角色类型)",所有人也都是自己故事里的主人公。在满足其他人的期待之前,更重要的是珍视自己的内心,聆听心底的指引,它的声音或许强烈,或许微弱,也或许早已被忽视。但请你相信,找到它,满足它,成为它,比成为任何"标准角色"都要快乐。

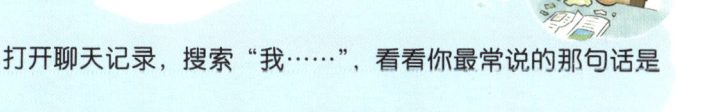

打开聊天记录,搜索"我……",看看你最常说的那句话是什么。

无论别人成为怎样的角色,我最大的梦想,是成为我自己。

山的那边是什么？

傻了吧　爬不动
……
大胖子
他不行

坚持

呼哧、呼哧……

爬不动　他不行
大胖子　傻了吧

爬不动他不行
大胖子傻了吧

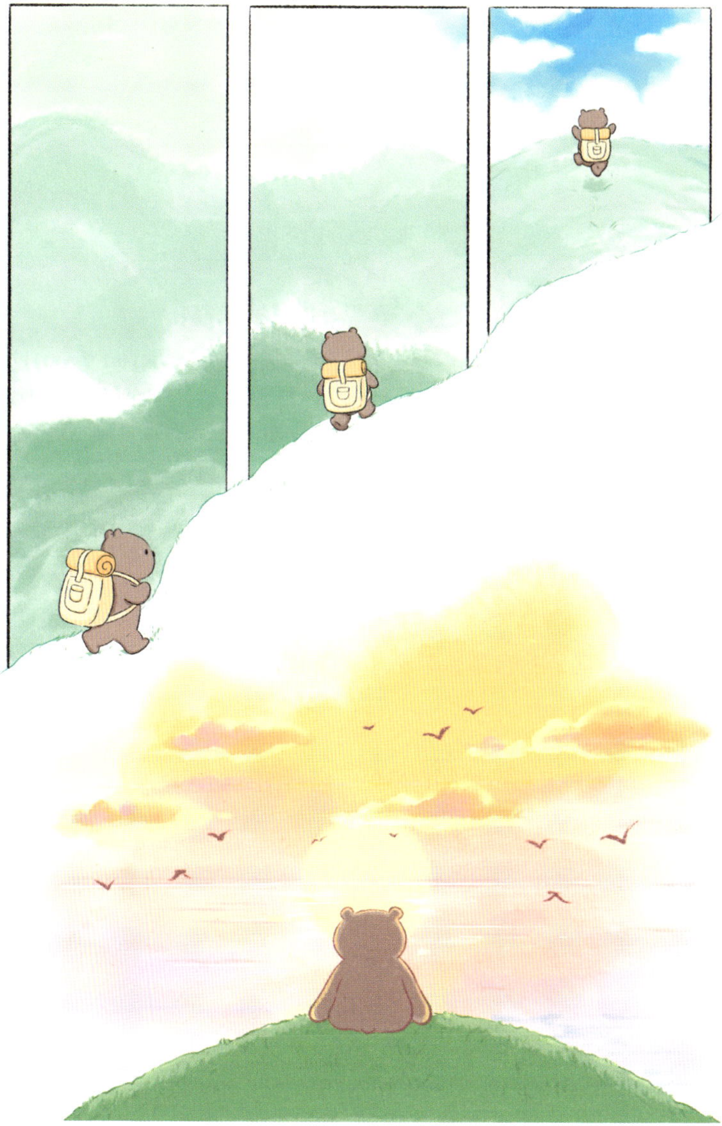

6 永远"置顶"自己的感受，活在喜欢的状态里

日剧《凪的新生活》中，女主常常忽略自己的感受，习惯性地答应别人的要求：明明带了便当，也不好意思拒绝同事去餐厅吃午餐的邀请；被同事调侃、取笑，非但不还嘴，还拼命想着要怎么回答才能既不得罪人，又不显得自己太在意。这种不断妥协的人生，最终让她成功沦为团体的"边缘人"。

《恰如其分的自尊》中治疗师克里斯托弗·安德烈与弗朗索瓦·勒洛尔认为，人们之所以摆脱不了低自尊，总是忽视自己的感受，是因为这么做确实有好处，它帮助我们规避冲突、显得谦虚低调、获得他人喜爱……但如果你是一个高敏感又低自尊的人，则会感到无比煎熬。

忽略自己的感受，觉得自己不配被重视，便想要通过迁就、讨好的方式赢得他人的喜爱。**像是在与他人聊天时，把别人的喜怒哀乐全部"置顶"，唯独对自己的内心感受开启"免打扰"**。但

结果往往是,让渡了自己的边界,却换来了别人的得寸进尺。这背后潜藏着一种自欺欺人的思维模式:只要对别人好,自然能换来别人的善待。殊不知,别人怎么对你,都是你教的,他人只会用我们对待自己的方式对待我们。

想不被忽视,不做透明人,就需要用行动告诉他人"我值得被善待"。面对他人的不公平对待时,克制住说"没关系"的欲望,学着表达自己的愤怒,哪怕一开始会失态也坦然接受。**你永远值得被好好对待,只是这一切的前提是"置顶"你的感受,学会自我同情,敢于为自己撑腰。**

在这只此一次的生命中,你是来体验人生的,请玩得尽兴。

不断地告诉自己:"**我看见你,我理解你,我支持你,我爱你。**"

"置顶"自己的感受,才是真正地爱自己,这是每个成年人的必修课。比起别人如何看你,你更要关心自己过得如何。不要忽视自己的感受,要捍卫自己的权利,不被道德绑架……**从今天起,只活在自己喜欢的状态里。**

如何重新链接自己的感受，变得更忠于自己呢？

我们可以借用艺术创作的方式，将感受画出来。和某个人相处时总是觉得不对劲，但说不上哪里有问题，就可以抽出一个小时，用笔画描绘你们的相处。

仔细观察画面，色调是明朗还是灰暗？线条是柔和还是粗硬？通过观察，你会离自己的感受更近一步。

生活中的一切
都由回忆编织，
通过记忆去爱。
——[葡萄牙]佩索阿

消息

你要多跟人接触，融入社会！

•••••

•••

消息

下午陪我去逛街吧，你不是没事嘛。

•••••

•••

年轻人懂什么，还是得听我的。

你不会生气了吧？别开不起玩笑。

聚会还缺一个人，赶紧过来。

下班这么早，不多做一些工作吗？

🌙 勿扰模式 ⋯

直到我感觉开心

消息 🔍 ＋

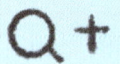

我感觉活着！

● ● ● ● ●

7 你无须向任何人证明你自己

当你无端遭受质疑或指责时,你是不是总是急于证明自己的清白?当有人曲解你的本意时,你是不是一遍又一遍地试图向对方剖白自己的心迹?

如果对方对你充满偏见,甚至故意找茬,那么无论你说什么,他都只会得出他自己想到的答案。**毕竟带有偏见的万花镜折射不出真相。**

电影《让子弹飞》中的小六子被诬陷说吃了两碗凉粉,却只给了一碗的钱。为此,小六子又急又气。百口莫辩之下,小六子当着众人的面用刀剖开了自己的肚子,掏出一碗凉粉以自证清白。诬陷他的人达到了"释放攻击"的目的,看客也一哄而散,没有人真关心他到底吃了几碗粉。

自证的底层逻辑是"一部分的你认同了对方对你的评价",甚至站在对方的评价体系里,不停地攻击你自己。**我们不会对和自**

身无关的事物产生情绪反应，而促使我们急于去自证的，恰恰是我们内心对自己不自信、不认同、不接纳的那部分自我。

你越想自证清白，对方就越会觉得你心虚。你的解释，会被认为是掩饰；你拿出证据，证据的真实性也会被怀疑。

自证本就是一个不可能完成的任务。

奥普拉·温弗瑞曾言："**只要你还在担心别人会怎么看你，他们就能奴役你；你只有再也不用从自身之外寻求肯定，才能成为自己的主人。**"被误解、被质疑是人生的常态。我们无法掌控别人的思想和言行，但是可以拒绝让渡人生主动权，不把定义自己的权利交给别人。

你要知道，越想证明自己，就越容易为他人所质疑。自证，是一场自我内耗的死循环。与其百般自证，不如把真相交给时间。

毕竟人生不是道证明题。

当被质疑或曲解时，你可以这样应对：
把自证变成无证。
当被质疑时，你可以反问对方："你如何证明呢？"
把对方变成需要解释的人。

树林里不知道什么时候架起一张自证网,被网捕住的人必须说真话证明自己。

自证网

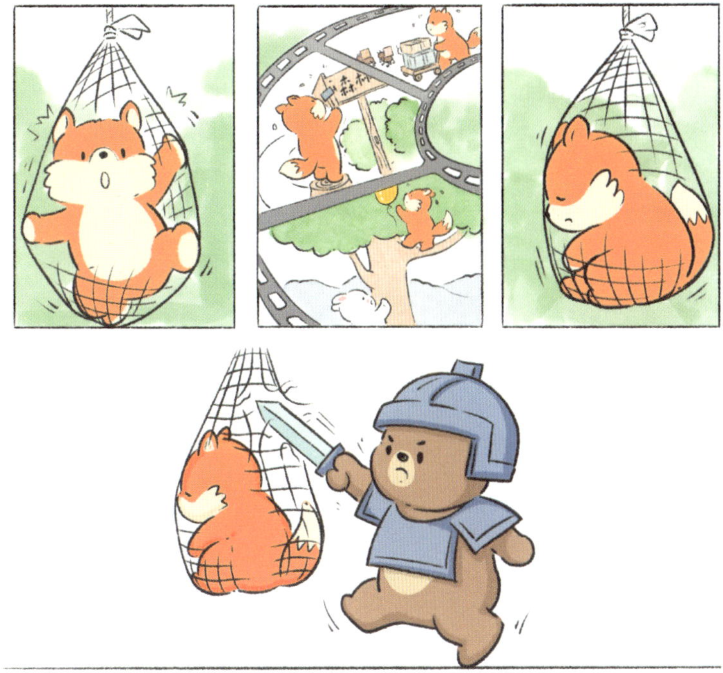

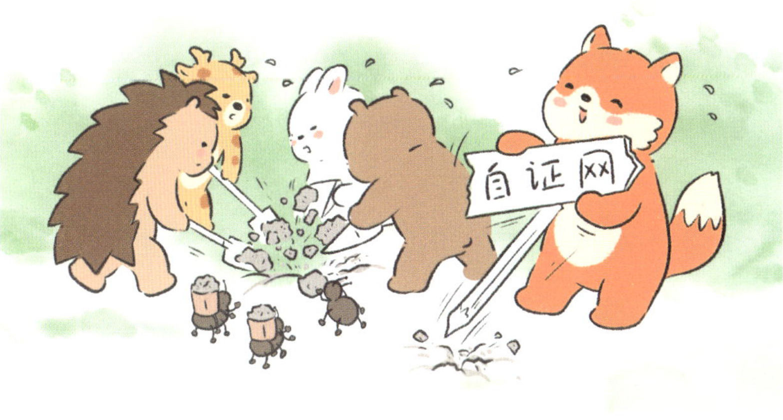
自证网

8 人生的很多美好，是从认识真实的自我开始的

摩羯座都是工作狂。

"I人"会懂。

如何跟自恋型人格者相处？

…………

我们从未停止过探索自我。

但是，到底什么是真实的自我呢？

这种自我认知的复杂性，涉及一个重要的心理学概念——自我认同，也称作"自我同一性"。简单来说，它是指个体在生命历程中，将自身的各个面向——包括过去的、现在的、未来的自我，以及他人眼中的自己，等等——整合起来，形成一个连续而稳定的人格。

荣格指出，所谓认识自己的过程，就是成为"与生俱来的完整的人"的过程，这个过程将贯穿我们的一生。

每个人都充满矛盾与多面性。在理解自身或他人优缺点的前提下，依然能认可完整的自己是一生的课题。

信息爆炸的时代，太多标签穿过网络贴到每个人身上，它要求不同身份的人要有不同的模样，规定到了某个年龄段必须做什么样的事情，设定好每个人未来所需要走的道路，一点一滴榨取每个人的"自我"缝隙。

正因如此，"做自己"在这个时代才变得格外动人。

我们终其一生，都在追寻真正的自己。

"自我的形状是在和世界的碰撞中形成的。"只有找到了真正的自己，我们才能活出完整、自由的生命状态。

尝试着每隔几年填写一次普鲁斯特问卷来进行自我探索。

关于生活、思想、价值观及人生经验的灵魂拷问，贯穿在剖白与对话中的自我观察……

"自我"不是一成不变的，它甚至没有固定的形态。可以是面对同样的问题拥有不同回答的你，也可以是时光流逝、世事变迁中却仍然坚守着一些理想和目标的你。

只要你的心还在胸膛中稳稳跳动，你的自我就存在着。

搜索穿搭、壁纸、学习、风格,把首图拼在一起就是别人对你的感受。

在我眼里，小兔不管打不打扮都是天下第一好看！

9 想活出怎么样的人生,你说了算

积极心理学家塞利格曼对于悲观的看法是这样的:"**悲观的预言常常是自我实现的;你无法控制你的经历,但你可以控制你的解释。**"

刚入职,当一份独立任务摆在你面前时,你会如何应对呢?

乐观主义者尽力而为,毫无遗憾地迎接任何一种结果。悲观主义者则会想到最坏的情况,花费绝大多数时间来自我怀疑:这份工作我能做好吗?如果搞砸了,同事们会不会瞧不起我?上司会觉得我很差吗?

这是一个无尽的恶性循环,抱着悲观的念头生活,不敢放胆做事,效率远远没有全身心投入的人高,最终得到的结果也不尽如人意。结果又进一步证实了"我很差,我果然做不好"这样的消极预设,一步一步陷入循环,最终丧失自信。

"为何预言会成真?"

社会心理学家罗伯特·默顿所提出的一种心理学现象被称为"自我实现预言",指个人信念能够导向自我实现。人们先入为主的判断,无论正确与否,都会或多或少地影响到人们的行为,从而影响最终的结果。

心理学家武志红曾谈及这一话题:一旦你说了一句话,你就会爱上你自己说的这句话,而出于人类最本质的自恋需求,你会把事情朝这句预言的方向去推动,以此来证明,你是对的。

我们总会在不经意间使我们自己的预言成为现实,你常说的话,可能会成为你自己生命的预言。不要把事情想得太坏,不要轻易给自己贴标签,你信什么就会吸引什么,一个人外在的命运就是他内在信念的外化。

你要相信"相信"的力量,相信"希望"的力量,把生活塑造成你希望的模样。

世界远比我们想象中温和、宽容。

但前提是要相信,对世界、对他人、对自我,都要相信一定会有好的结果。希望收到正向的回馈,先要让自己相信美好的存在。

世界只是一些
影影绰绰的温柔。
河还是原来的河。
人，也是原来的人。

——[阿根廷]博尔赫斯

危险！

商店

10 值得被爱是个伪命题

"我要变成最好的人,到时候再……"

"考个好大学,找份好工作,等我成功了就……"

"夏天的较量马上就要开始了,现在就减肥,减掉二十斤后就……"

我们总是会在心中留下这样的假设,先锚定一个理想的目标,再推着自己一步一步朝着它迈进。在这途中,所有的事情都要为之让路,包括你的情绪、感受、意愿,仿佛在目标达成之前一切都是次要的。

倘若尝试去深究,会发现这些目标存在的根源——我们总是觉得,被爱的前提是足够优秀,被爱的前提是值得被爱。

但事实就是如此吗?

个体心理学之父阿德勒认为:人的存在本身就是意义。所谓值不值得被爱,是一种功利主义的衡量。**爱是目的,而不是手段。**

世界上有数不尽的玫瑰花，小王子的玫瑰花只是众多玫瑰花中普通的一朵，但因为他为那朵玫瑰花倾注了无尽的爱，让她变得独一无二。我们常常为没有成为"别人家的孩子"而觉得愧对父母，为接不住朋友的情绪而懊恼，为不能给伴侣带来更好的生活而自责。明明世界上有更完美的小孩、更优秀的朋友、更般配的恋人存在……但爱的出现就是那么自然而然，甚至在我们出生之前、成熟之前，不知不觉爱就已环绕四周了。

何以在成人之后，我们反倒要去忽视那些已然存在许久的情感和陪伴，只为去寻求一些虚无缥缈的标准下的"值得爱"？

"多数人宁愿把爱当成被爱的问题，而不愿意当成爱的问题，即不愿当成一个爱的能力问题。" 弗洛姆这样说道。

希望你明白，值得被爱，本身就是一个伪命题。

如果把每个人都看作一块独一无二的拼图，在这个世界上，本身就存在着数块可以在不同角度契合起来的其他拼图，它们天衣无缝，可以紧密地贴在一起。

但你却为了成为一块"更漂亮"的拼图，把四周生硬地锉磨变形，成为大同小异的拼图堆里毫不起眼的那一个，再也没有另外一块，是与你紧紧嵌合的了。

这何尝不是最大的失去呢？

没有人仅仅因为拥有优渥的家世、丰厚的薪水、光鲜的生活，就轻易被爱。《爱的艺术》中曾有一段对爱的经典叙述："**如果我真正爱一个人，我就会爱所有人，爱这个世界，爱生活。如果我能对另一个人说'我爱你'，我就一定能够说：'我因为你而爱每个人，我通过你而爱这个世界，我由于你而爱我自己。'**"

《我爱你的100个瞬间》中曾设置这样的一个环节：心中想着最爱的那个人，落笔写下专属爱的瞬间。

"我知道，一天之中，你最喜欢的时间是_____，因为_____。"

我因为你而爱每个人，
我通过你而爱这个世界，
我由于你而爱我自己。

——［美］弗洛姆

"嘿!我是十年前的你!很高兴见面!"

"我一直很想问你:十年后你实现梦想了吗?"

"工作怎么样?身体怎么样?"

"有人爱你吗?"

我真的变成值得被爱的人了吗?

"我的刺每天不打理就会乱糟糟。"

"我的腿很短,如果不锻炼总会摔跤。"

"我跟人交往总是想很多,陷入内耗。"

但是,我开始爱我自己,爱没有值不值得。

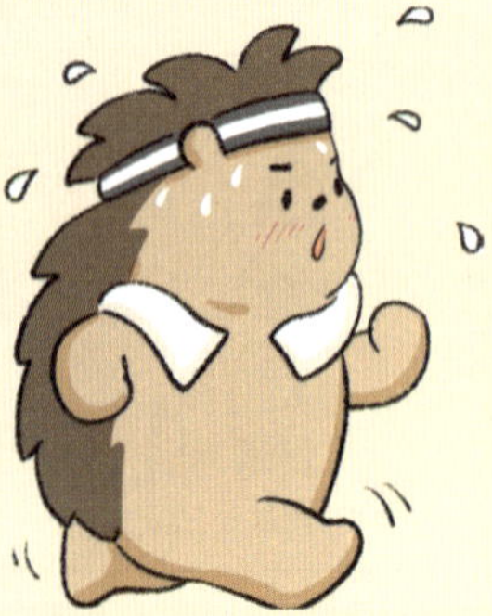

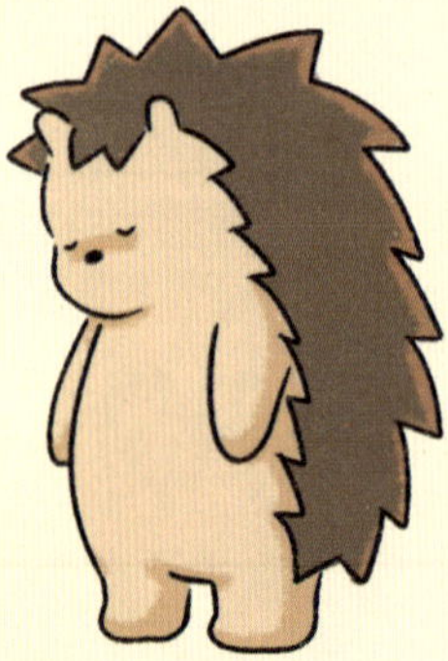

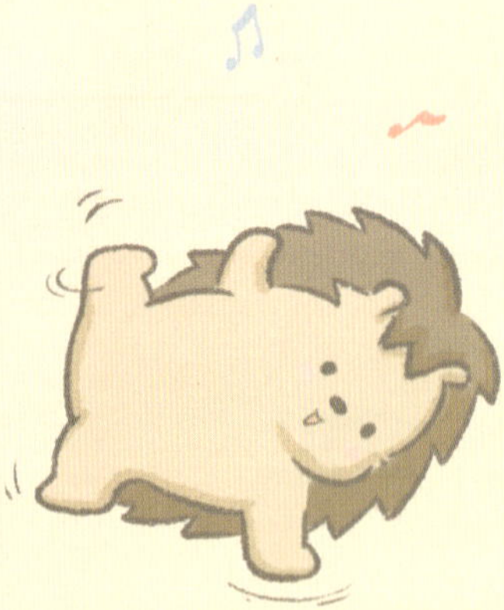

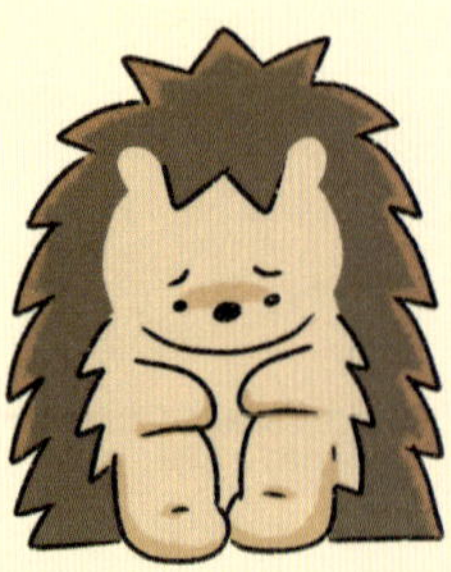

Chapter 2

情绪脱敏：
生活中的困扰，
都是情绪打了败仗

1

在想笑的时候笑吧，别只在该笑的时候笑

微笑，是人类最美好的表情，它像和煦的阳光，传递出喜悦、友善和温情。发自内心的微笑，常常拥有治愈一切的力量。

因此，人们常说："百事从心起，一笑解千愁。"

但生而为人，谁不是在正能量和负能量间横跳？人们担心纯粹的自我表达会带来误解或排斥，便把内心的真实感受藏起来，戴上笑容的假面。就像一首歌里所唱的那样：**"你不是真正的快乐，你的笑只是你穿的保护色。"**

在许多情况下，微笑成为我们心理防御机制的一种外在体现，不再是快乐喜悦的自然流露，而是为了迎合他人期待或缓解尴尬。

一个常常微笑的人可能并不快乐。你可能听过这个故事：

病人询问医生："我为什么不快乐呢？"

医生："如果你持续感到忧郁，你可以去找城东的小丑，他

擅长逗人发笑,我想,他一定能帮助你。"

病人苦笑道:"可是,我就是那个小丑。"

我们努力练习微笑,终于变成了不敢哭的人。

在社交场合中,那些出于"应该"而展现的笑,有时可能成为某些人内耗的诱因。当我们的行为与我们先前的一贯认知持续产生分歧时,我们潜意识里就会升腾起不舒适、不愉快的情绪。

在迎合他人的微笑假面下,一定伴随着某种程度上的自我压抑,遮蔽我们内心真实的情感和体验,甚至让我们无法识别自己的情绪,最终堆积出深深的焦虑、担忧或是恐惧。

三毛曾言:"我爱哭的时候便哭,想笑的时候便笑,只要这一切出于自然。我不求深刻,只求简单。"

请记得:**微笑不是社交生活中的唯一选择,生活百般滋味,不必总是笑着面对。**

在感到压抑、恐惧却又不想社交性微笑时,我们可以如何调节自己的情绪?

可以尝试舔嘴唇,专注于眼前的某一种颜色,或者想象自己正处在一个熟悉、安全的环境,来分散注意力,缓解压力。

笑一下！ 笑一下！ 笑一下！

小熊现在应该笑吗？

是 不是

安全通道 安全通道

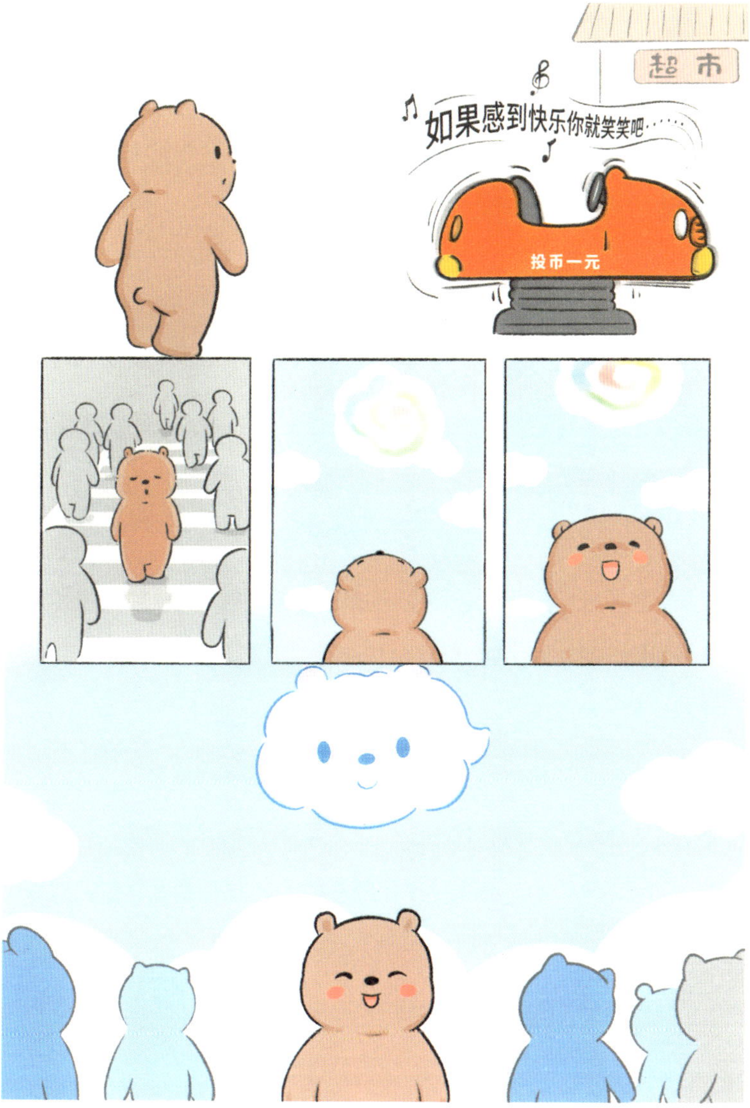
超市
如果感到快乐你就笑笑吧……
投币一元

2 别再说你是为我好

在做错事情，或是无法满足他人的期待时，我们常会觉得羞愧难当。在日常生活中，愧疚是一种正常的情绪，它的产生能够帮助人们维持道德水平。

但有一部分人的愧疚感出现得异常频繁。

一些家庭中常常会出现这样的指责："我这么做都是为了你好。""举全家之力送你上学，你却辜负了我们的期待。""为了你，我牺牲了我的人生，你又怎么能活得这么轻松？"

句句都夹杂着居高临下的愤恨、挟恩图报的姿态。

这些想法和语言，会给我们带来某种沉重的道德压力，无形之中打压了我们的自尊心，长此以往，会让我们背负沉重的心理负担，觉得一切苦难都是自己所造成的。

愧疚诱导（Guilt Inducement）指关系中通过让对方感受到内疚，使对方服从自己的意愿。玛丽亚·米塞利（Maria Miceli）研究发现，愧疚诱导的必要条件是让对方认为自己做错了。人们常常在愧疚情绪的驱使下被迫答应一些本来无法妥协的请求。无论你是否真的有错，对方都要让你觉得自己十恶不赦。这种道德绑架式的诱导使对方在关系中占据主导地位。

这种策略的荒谬之处在于，对方只强调自己对你的牺牲，却并不关心你是否需要。下次当你感到愧疚并想被迫接受一些不合理的请求时，不妨先冷静下来思考：**这种愧疚感的产生是因为你真的有错，还是被对方凭空诱导出来的?**

内疚和自责是死能量。当总是被制定的目标、标榜的规范挤压时，我们会逐渐压抑内心真正的感受，讨好式地迎合他人的需求，按别人的眼色行事，在不知不觉中形成讨好型人格。

坚信自己配得上所有的好，值得追求和拥有一切想要的事物，坦坦荡荡地拥抱自己的欲望，大大方方地表达需求。

练习"停下来，什么都不做"。

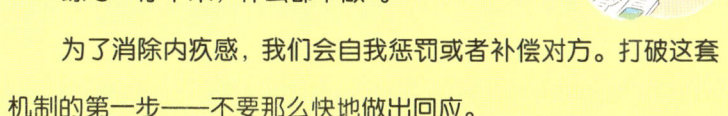

为了消除内疚感，我们会自我惩罚或者补偿对方。打破这套机制的第一步——不要那么快地做出回应。

停下来，告诉自己：我不必立刻回应他的任何要求。

出站口

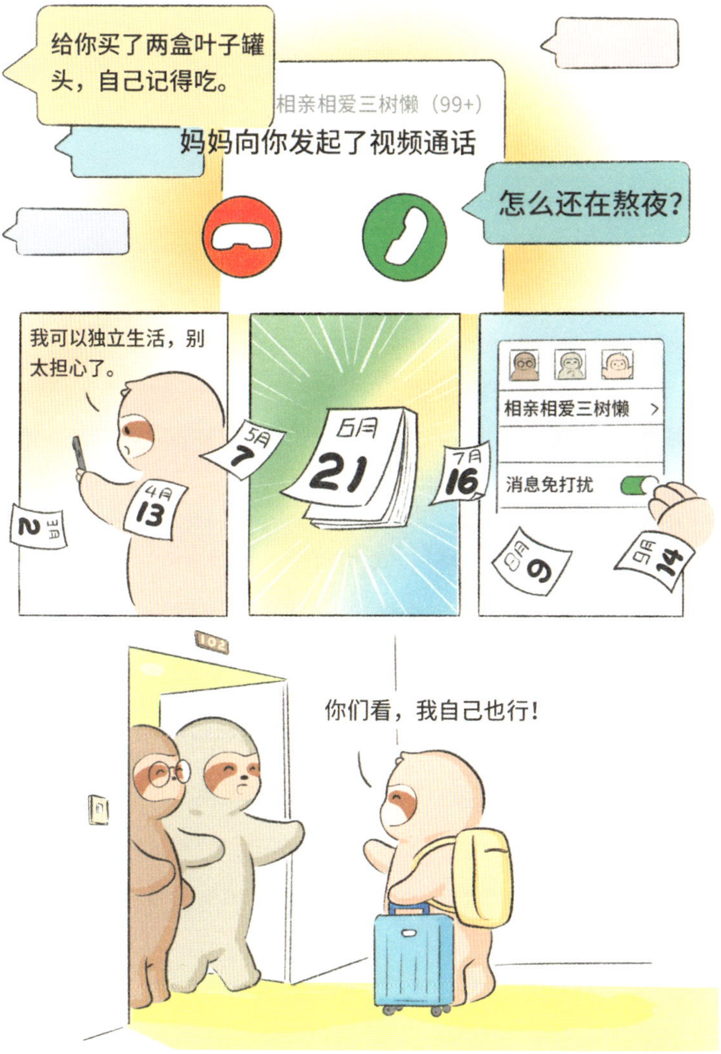

给你买了两盒叶子罐头，自己记得吃。
相亲相爱三树懒（99+）
妈妈向你发起了视频通话
怎么还在熬夜？
我可以独立生活，别太担心了。
3月
2
4月
13
5月
7
6月
21
7月
16
相亲相爱三树懒
消息免打扰
8月
9
9月
14
102
你们看，我自己也行！

3 99%的不快乐，都是因为共情过剩

你有过这样的体验吗？看完一场悲情电影后，沉浸在电影情节里无法自拔，蔓延的情绪甚至扰乱了正常生活；傍晚，夕阳落山之后，一想到时间的流逝就陷入悲伤情绪中；在生活中注意到一个陌生人的不幸遭遇，便为此难过很久。

《夏目友人帐》中曾有这样的片段，夏目贵志说："我想成为一个温柔的人，因为曾被温柔的人那样对待，深深了解那种被温柔相待的感觉。"

人类天生就有感知他人情感的能力。美国心理学家乔拉米卡利指出：**共情是理解他人特有的经历、情绪感受、想法，并相应地做出回应的能力。**在人本主义心理学中，它被认为能够帮助理解他人的情感需求，促进人际交往，拯救人与人之间日益孤立的"原子化"。

适度的共情，丰润并滋养着感官世界，拉近人与人、人与物

的距离，是一种无比强大的力量。可一旦共情过剩，就很容易情绪过载，让自己陷入痛苦之中，甚至被他人利用。

过度共情的你时刻给予他人足够的理解，却在这个过程中背叛了自己。

摆脱过度共情，最重要的是要把自己的情绪放在首位。要学会建立边界感，不要把共情他人内化成自己的责任。**每一次没有边界的付出，都是对自己的不公。**面对他人的苦难，在能力范围之内可以选择帮助与否；但太过无能为力时，要放下助人情结，尊重他人的命运。

最好的状态是，你能共情，也能"绝情"。

愿每个共情过剩的人，都对自己多些温柔。

建立内心的社交等级体系，按亲近和重视程度来排序。

比如：第一阶梯是家人、挚友、恋人；

第二阶梯是关系比较密切的朋友或亲戚；

第三阶梯及之后则是不太联系的人。

这样排序下来，对不亲近，甚至无关紧要的人，允许自己让对方失望，在无法施以援手时果断选择拒绝。

按数字顺序连线。完成之后，用耳机听一首最喜欢的歌。

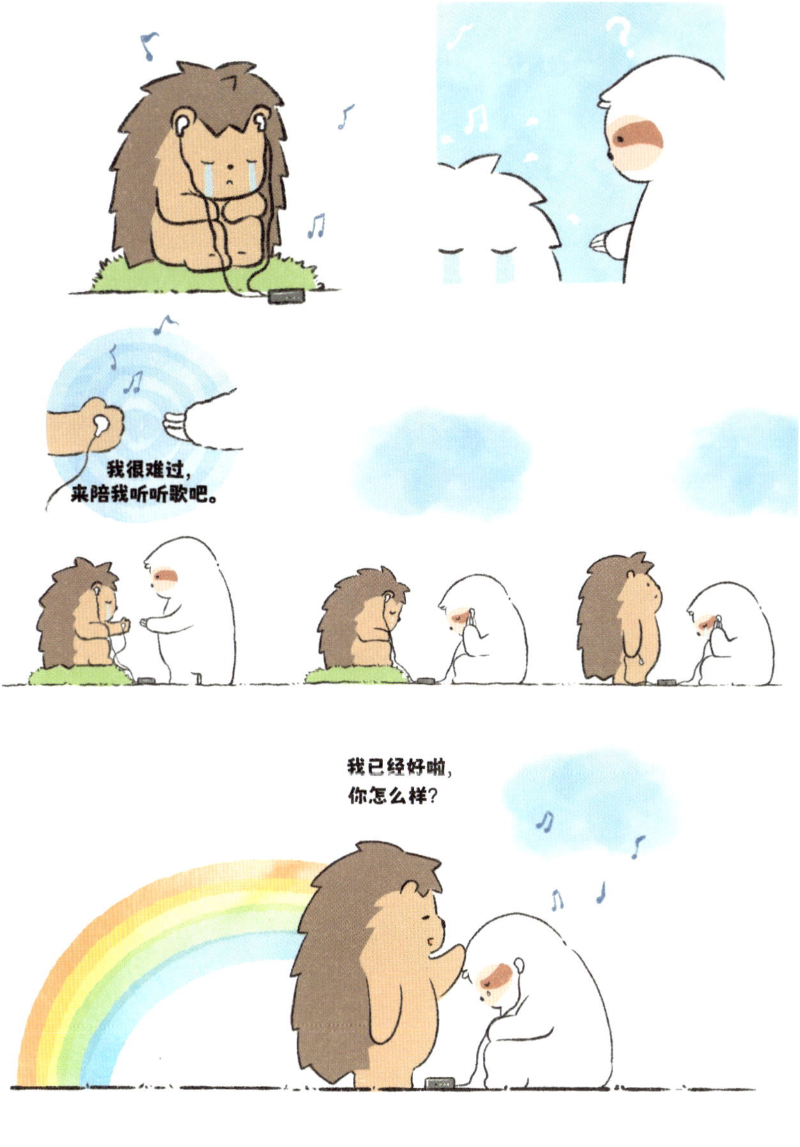
我很难过，
来陪我听听歌吧。
我已经好啦，
你怎么样？

4 "作"的人比一般人更加渴望爱

《蛤蟆先生去看心理医生》里，蛤蟆西奥菲勒斯回忆自己与严厉的父亲不多的相处时刻，却只能这样说道："**也许是我太渴望得到他的爱了，就会犯傻，做一些傻里傻气的举动。**"

缺爱的人反而得不到爱，这就是精神分析中的"强迫性重复"。这大多源于原生家庭，可以说——**太缺少爱的人，常常比一般人更加渴望爱，却更加不会爱。**

由于在成长过程中缺少陪伴和温情，这一类人对亲密关系和爱极度向往。但太过在意，就会太过敏感，在相处的过程中，一件非常不起眼的小事也可能会引发他的强烈不安和恐慌。

他们的爱恨情仇就在一瞬间，或许上一秒还在微笑，下一秒就恶语相向。他们往往认为自己无关紧要，必定会被抛弃，对世界也充满怀疑和敌对感。这些向内的感受又会外化为愤怒，刺向包括自身在内的所有人。

而他们之所以会陷入强迫性重复,往往是因为在期盼一个不一样的结果。在成年后的亲密关系中,他们会用"作"的方式反复试探,渴望得到一个理想化的、永远不会抛弃自己的养育者,从而建立起对世界的信任和安全感。

在学会爱之前,一切关于爱的幻想都是徒劳的。

寻求内心真正的平静,或许是每个人一生的课题。爱是人与人之间互相的尊重和信任,是留有空间和余地,而不是一味地趋近和逼迫,不是出现一点缝隙就歇斯底里。

更多地去关注亲密关系之外的世界:**在春天爬一次山,感受鸟鸣和清风**;在将要失控时选择冷却,把这份力气用在家务或者锻炼上,收获一个更好的自己;去学习,去成长,去发呆……

在寻求自我的路上,静静地等候爱的降临。

随着精神世界越来越接近你的真实需求,不断对自己发问:
"我在做这件事的时候有怎样的情绪?我愿意长期处在这种情绪中吗?"

太阳，明天见！

朋友们下次还想跟我出去玩吗?

我一定很不招人喜欢。

连太阳都会落山,孤独才是常态吧。

天上的大灯比这盏灯亮。

5 别把不成功和"我很差劲"捆绑在一起

学生时代,你有过这样的心路历程吗?

准备一场重要考试时,因为害怕考不出好的成绩,被周围人看低,因此在考试之前有意地避开复习,去做一些无关的事情分散精力。当成绩揭晓的时候,即使不满意,也有理由宽慰自己说:**"我只是没有努力,并不代表我能力差。"**

太害怕犯错误,太恐惧精心打造的人设崩塌,太害怕别人眼里的自己没有想象中那么强大,这并不是好事。很多时候,我们自己才是限制自身自由和成长的最大障碍。从小到大,我们内心累积了无数的"不能"和"不可能",这些无形的枷锁一直在潜移默化中影响着我们。

"自我妨碍"是一种心理防御机制。为了减少失败可能带来的负面影响,主动给自己设限,以此来把失败外化。为了逃避失败、避免不被认可,他们就不再努力,即使有足够的能力去完成,也会无形中给自己设立客观障碍，好把责任都推卸给外在因素，而非内在能力。

《山月记》中在讲述自己变成老虎的经历时，李征说："**我生怕自己本非美玉，故而不敢加以刻苦琢磨，却又半信自己是块美玉，故又不肯庸庸碌碌，与瓦砾为伍。**"这仿佛也是自我妨碍者的内心独白。

给自己的日常生活预设太多观众，带来的只有疲惫和紧张。舞台上的演员尚有彩排的机会和休息的时间，何况我们只是生活中的普通人。所以放轻松，允许失败和重来。放下对悬浮在空中的完美人设的执念，真正脚踏实地去做人做事，拼尽全力，无论结果如何。

"既然我有能力制造困难，那么或许我也有能力改变它。"

在焦点解决短期疗法（SFBT）视角下，当一个人经历无助时，我们可以尝试从过去成功的经历里找回一些掌控感：

"我曾经做过什么事，在众多失败中出现过一次'例外'。"

"例外"之下隐藏着信心、期待和内在资源，而非让人徘徊在"我没有办法"的自我对话中。

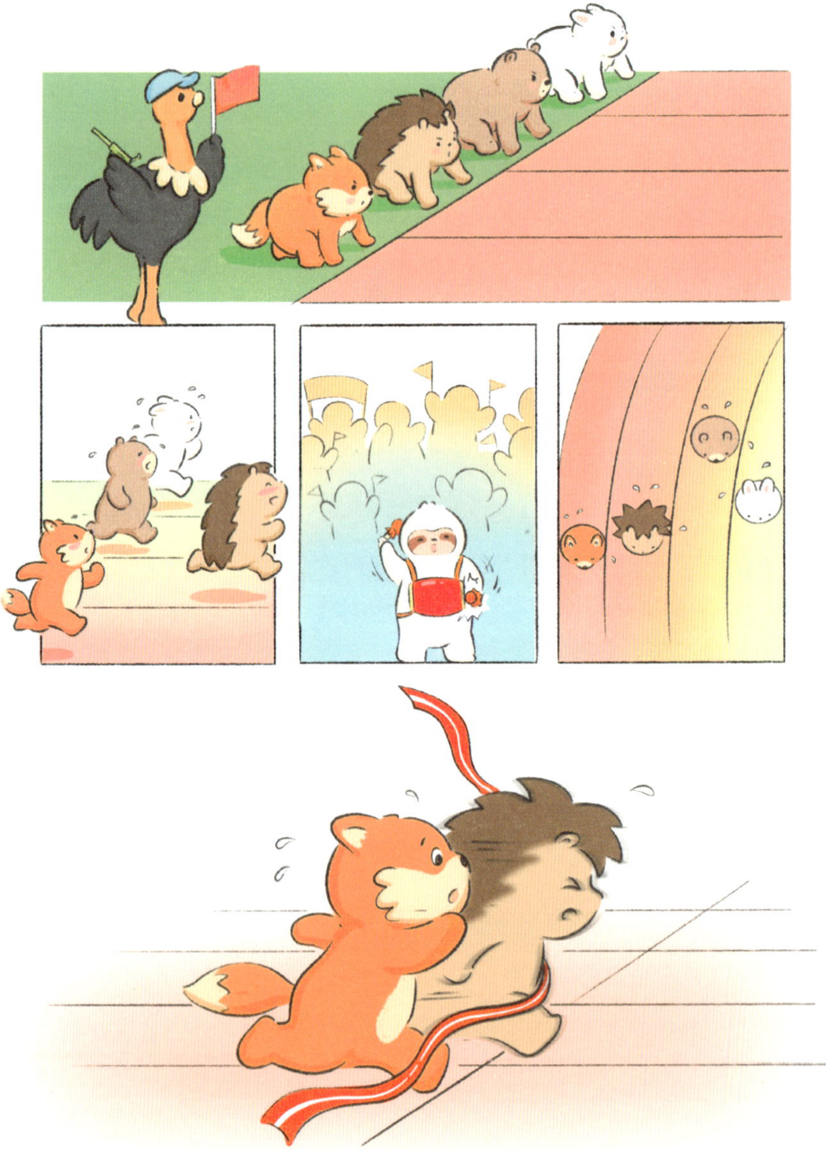

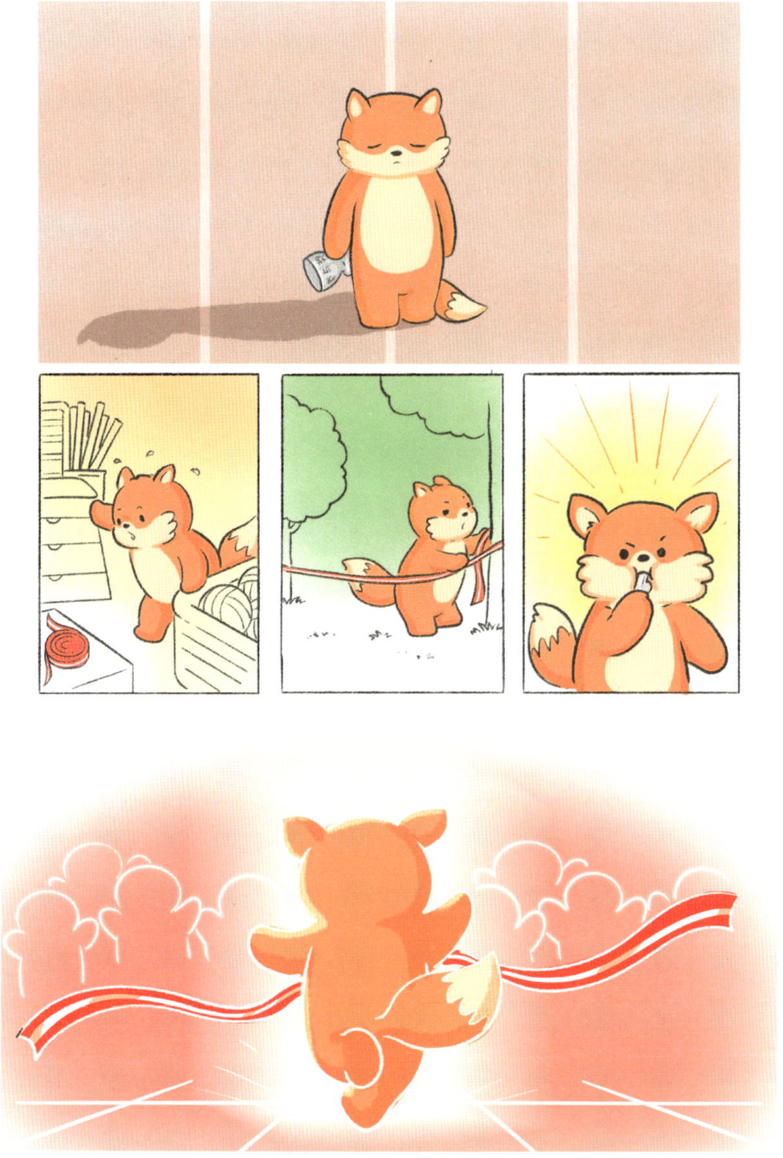

6 如何避免陷入情绪旋涡

我们经历的人和事，常常会引发我们情绪的变化。

遇到快乐的事，我们会本能地觉得开心；遭受痛苦的折磨，我们会沉湎于悲伤、困苦，更有甚者，可能会从此一蹶不振，再也无法上岸。

被忽略、轻视、拒绝等，这些是每个人在生活中都有可能会面临的挫折场景，可能会让我们感到沮丧，产生自我怀疑、自我厌弃的负面情绪。

某些情绪旋涡，也有可能是过往人生中创伤的再现。例如，如果某人难以忍受持续的失败，那么他在童年经历中可能有类似的遭遇，因此在几度遭遇困难之后，他就会无可避免地陷入熟悉的负面情绪中。我们可以理解为，在漂流中被湍急的水流一次又一次卷入旋涡中心，绝望、无助和焦虑如同冷水一般将人包围。

从某些场景了解我们负面情绪的成因，有助于我们了解自己，更有助于我们摆脱负面情绪。

精神分析学家霍妮认为："只有当我们愿意承受打击时，我们才有希望成为自己的主人。"遭遇打击并不可怕，可怕的是被负面情绪击垮。真正的勇敢并不是回避困难，而是永远有自我修复、重新面对困难的勇气。

"人并不是生来就注定失败的，人可以被毁灭，但不可以被打败。" 在巨大的困境之中，仍旧怀揣着再次战斗的决心，而不是躺下束手就擒。如同被卷入旋涡时，丢掉船桨，主动沉入海底，必定无法生还；但紧握着船桨，等待风浪平息时奋力划出，或可逃出生天。

不会被逆境击败的人，都有一个共同的特点：在任何情况下都全然地相信自己。**全然地相信造就全然的勇敢。**即使一时找不到方向，对自我的正向认知将成为引导迷路船只返航的灯塔。

当在任何境遇中都不轻易否定自己时，你便会发现：所谓旋涡，不过是卷着你，带你去了更远的地方。

不要自责,不要自我否定;要温柔地告诉自己:"我知道那些想法又来找我了。"

让自己行动起来,做一些别的事情,比如点燃一根线香,看烟雾逸散的方向,或者坐到鱼缸前,对着游动的金鱼们发一会儿呆。

行动往往是打断情绪和想法的最快速的方法。

把你的心灵想象成一个漂亮的小池塘，里面有各种各样的小鱼在游玩。每一条小鱼代表着一种情绪。你要成为池塘，而不是总盯着某条小鱼不放。

心灵池塘里偶有旋涡，而我们能做的，就是在旋涡里坚守初心，抓住自己。

连这么简单的事都做不好！

我们分手吧！

这次又被你搞砸了！ 交给你三天了，还没做好，太笨了！

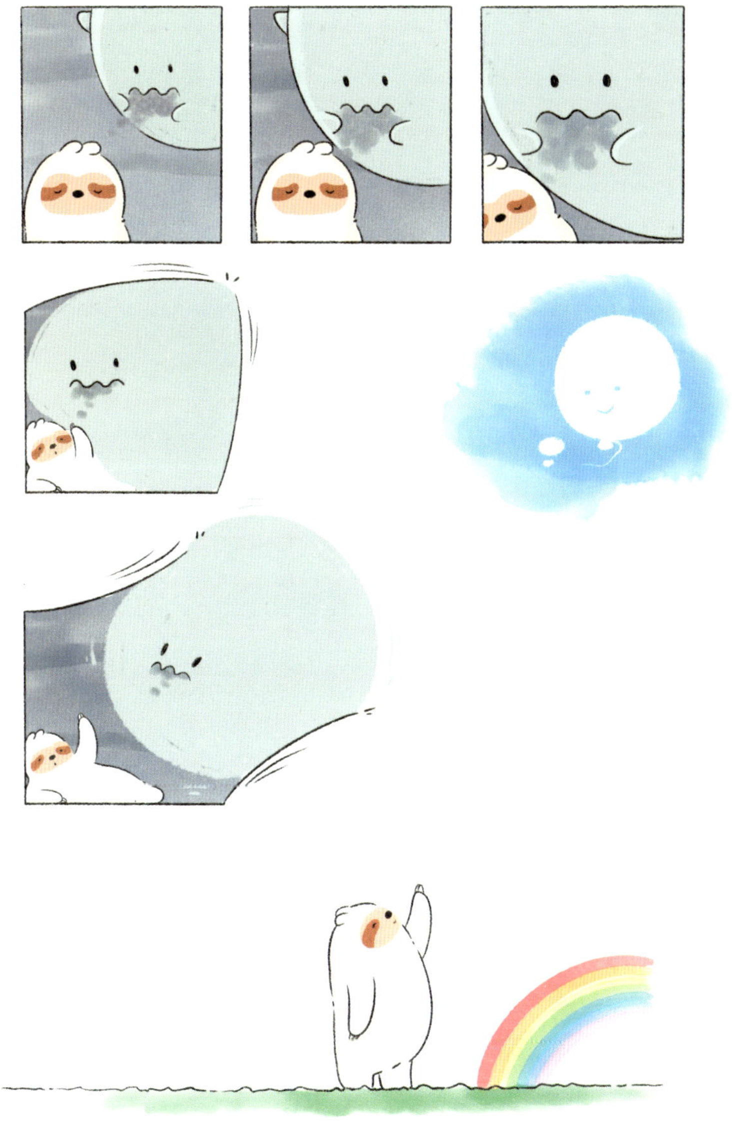

7 我累了，先这样吧

"如果有人在洗澡时长时间呆呆地盯着水龙头，或者在超市选购区无目的地徘徊，最好有人关心他们一下。"

生活过于疲惫的人容易陷入"我什么都不喜欢"的状态，他们往往会单调地重复简单的动作或只是出神，有时甚至无法理解他人的语言传达出的含义。我们需要察觉到，这些时刻都是身体在释放出"我需要休息"的信号，也是情感钝化的前兆。

情感钝化，指的是一种情绪麻木的状态。亲历者会把这种状态描述为感觉空虚或沮丧，"自己并不是真正在意别人的情绪，也确信别人不在意自己是否快乐或幸福"。

情感的钝化，是经年累月地对自我情感需求的漠视，对感官世界的封锁，并非一朝一夕形成的。我们为了高效率工作而戒掉情感，成为无知无感的工作机器，可最终只会得到零件四散、机身瓦解的结局。

精神分析学家弗洛伊德曾说："**一直未被理解的东西总会再回来，就像一个痛苦的灵魂，直到找到解脱的办法。**"

如果一个人在成长过程中不停地被社会规训，时刻压抑自己的感受，便会逐渐丧失对万事万物的感知。人生来被赋予了五感，被赐予柔软的心灵和强大的共情能力，这是生命中最好的礼物。而人之所以为人，而不是简单的昆虫、冷冰冰的钢铁，正是因为情感。它让我们变得柔软，变得悲悯，为花草树木和天地山川所触动，为日升月落的美景赞叹。

人类心灵深处，有许多沉睡的力量，唤醒这些力量，巧妙运用，便能彻底改变一生。不必疲于奔命，一切决定和想法，等休息好，醒来再继续。告诉自己："**那些担忧的事情可能从未并永远都不会发生。**"

认真地对待事物，投入地对待生活，真挚地对待自己。

你尽可以调动听觉、嗅觉、味觉、视觉、触觉来察觉各种外来的信息。不妨在休息日随着音响播放的歌曲律动，心无旁骛地享受一次泡泡浴，摸摸植物绿油油的叶片……

怎么这么大的人了还是爱做这么幼稚的事情?

有时间不如报个班进修或者琢磨怎么卖了它挣钱。

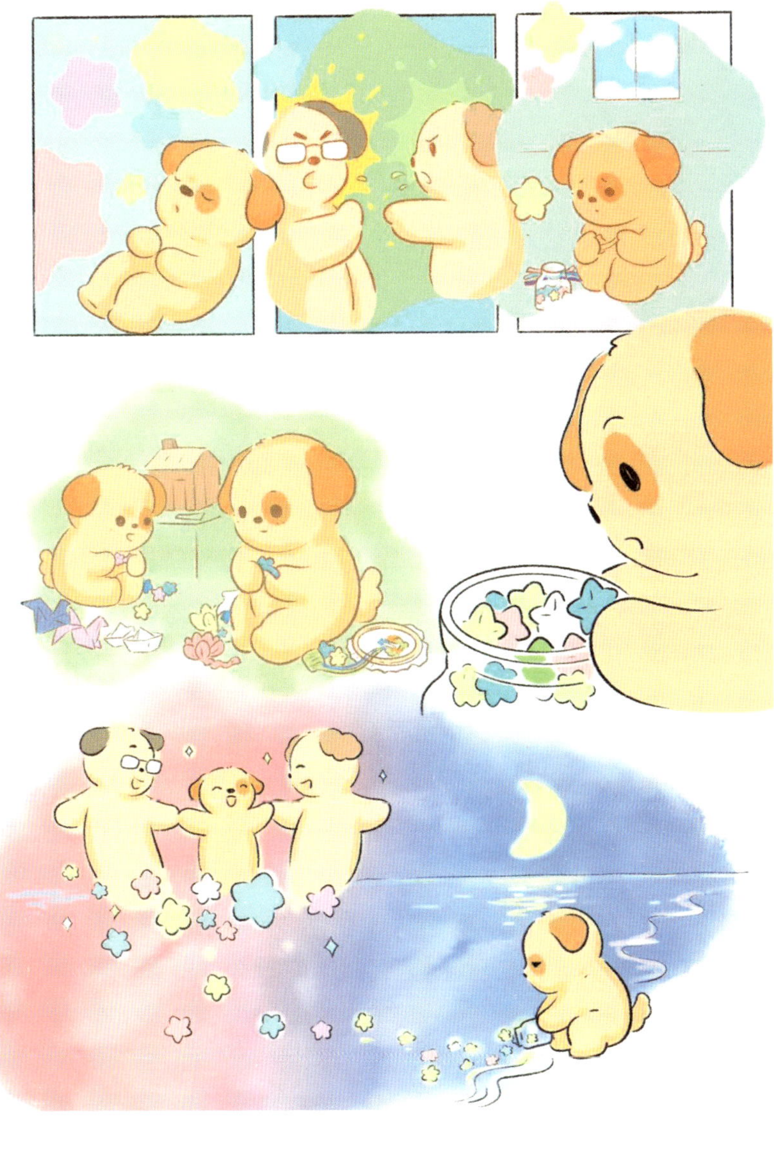

8 风吹哪页读哪页

生活如同多幕剧，我们在不同的剧幕中往复穿梭，扮演着不同的角色。每个场景都伴随着独特的情绪和体验，有时喜悦，有时忧郁，有时焦虑，有时平静。

情绪，是我们内心世界的反映，它随着生活的起伏而波动。我们在不同的场景之中迁流，所以难免会把上一个场景的情绪带到下一个场景来。

要想不被上一个场景的负面情绪所牵绊，我们就必须学会转换情绪频道。

转换情绪频道，实际上是一种心理调节的技巧。它要求我们在面对不同的情境时，能够灵活调整自己的心态，其中最重要的是要拥有翻篇的能力。具体来说，就是学会控制思维来调整当下的心境，用意志力和想象力来帮助我们摆脱负面情绪，而不是被情绪所操控。对于任何困扰我们已久，却又无可奈何的问题，都要敢于翻篇，让这一页过去。

我们应该相信，在任何境况下，一个人都有能力控制自己的情绪，而非放任一切行为受情绪支使，沦为情绪的奴隶。当负面情绪占据上风时，我们可能会感到困惑、无助，甚至陷入绝望的深渊。但情绪并非一成不变的，它会随着我们的认知、环境和经历的变化而变化。

当我们感到沮丧时，可以尝试换个环境；当我们感到焦虑或烦躁时，可以尝试进行深呼吸或冥想。这些小小的举动，都能帮助我们走出情绪的阴霾，重拾生活的乐趣。

《动机与人格》中曾言："心若改变，你的态度跟着改变；态度改变，你的习惯跟着改变；习惯改变，你的性格跟着改变；性格改变，你的人生跟着改变。"

情绪是我们感知世界的触角和滤镜。高兴时，万物五彩斑斓；失落时，周遭又会变得灰暗。但一生中所能看到的风景实在有限，如果灰色的滤镜持续太久，便会丧失很多感受美好的可能。

风吹哪页读哪页，花开何时看何时。 不要为打翻的牛奶而哭泣，你可以拥有翻篇的能力，在所有告别中选择最勇敢的一种。

一个真正成熟的人,都拥有给坏情绪急刹车的能力。

今天工作时情绪太糟糕,就早些下班回家,吃顿好吃的,舒舒服服睡一觉,明天精力满满地接着干;做了一件自己不满意的事,也不要沉溺在愤懑之中,转头去看一场电影、买一个喜欢的手办,让自己重新开心起来。告诉自己:"我不会被消极情绪打败。"

在具有翻篇的能力之后,生活会愉快许多。

我不会被
消极情绪打败。

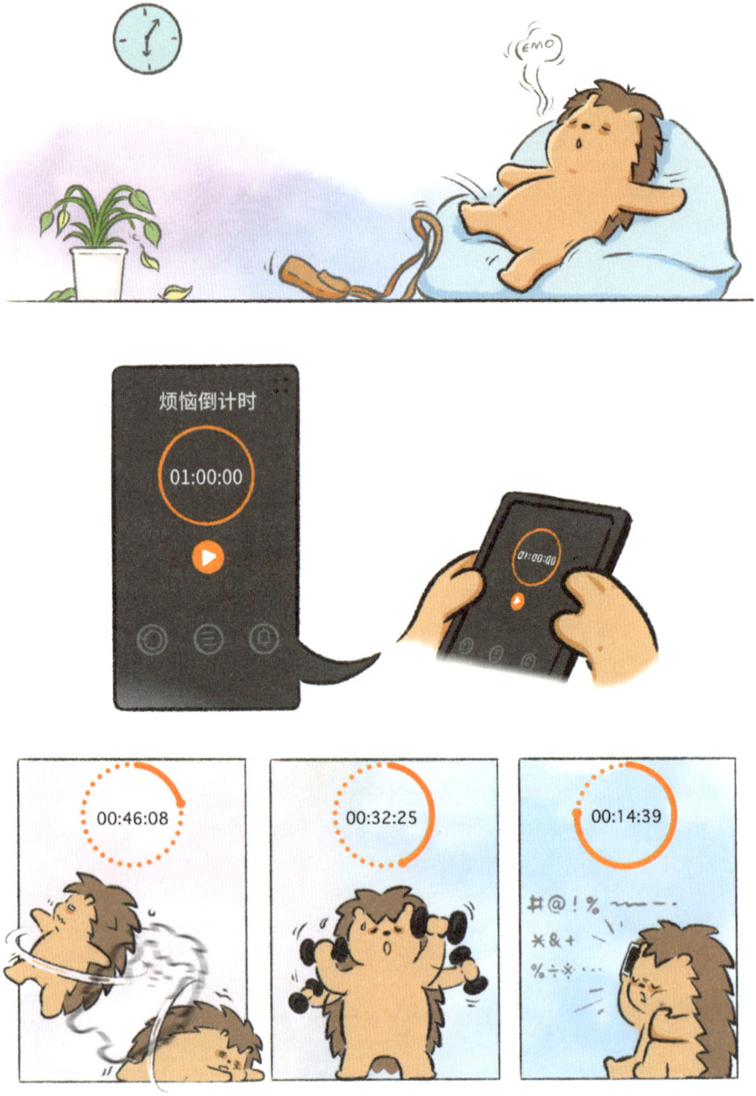
EMO
烦恼倒计时
01:00:00
00:46:08
00:32:25
00:14:39
#@!%
*&+
%÷*···

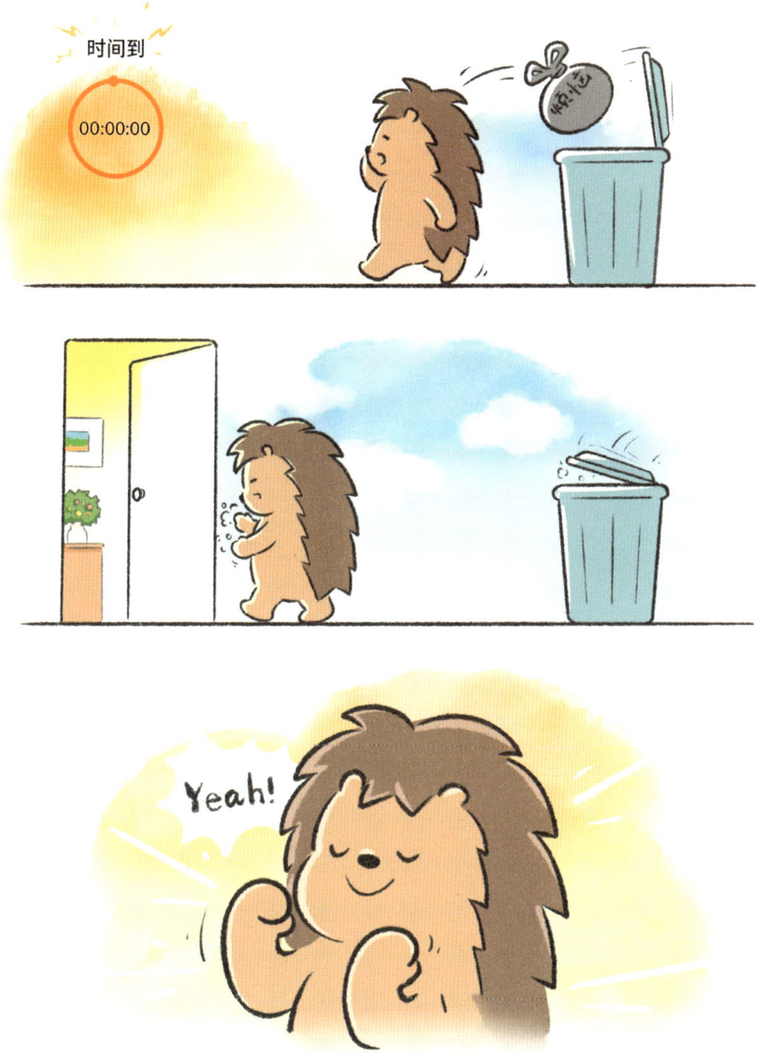

时间到
00:00:00
Yeah!

9 停止对抗，远离焦虑

我们似乎都经历过这样的时刻：

总认为自己准备得不充分而不敢迈出第一步，担心事情失败被身边所有人嘲笑而进一步失去对自己的信心；一旦在生活中遇到问题就需要得到他人的鼓励，若是期待落空就会觉得自己"果然是个失败者"，但是得偿所愿想的是"自己只是运气好"。

从考试升学到结婚生子，再到家庭关系、人情往来，我们时刻面临着不同的压力，但是又有谁想过，这些压力大多都来自我的对抗，是外在生活与自我理想产生冲突时所留下的碰撞痕迹。

我们总试图通过对抗来战胜焦虑，殊不知焦虑本就无解。**焦虑是生活中自然存在的，是人类生存和发展过程中产生的一种情绪状态，长期焦虑是试图抑制不能也不需要被抑制的事情的结果。**

周轶君女士在参加圆桌派时说:"焦虑的反义词是具体。"我们可以通过 AHA 三步法,学习如何正向地与焦虑共处:

1. 承认(Acknowledge):与其否定焦虑的存在,不如直接承认自己又产生焦虑想法了;

2. 顺应(Humor):承认焦虑是暂时的,尽最大努力接受焦虑的存在,甚至可以迎合它。你会发现用有趣的反直觉方法应对焦虑非常有效;

3. 行动(Activity):继续完成重要的事,回到现实生活中,让焦虑自然消散。

"当你可以和不确定性安然共处时,无限的可能性就在生命中展开了。"不过分计较和固执,学会接受一切的不确定性和变化,放下那些无法控制的事情,才能不失陷于还未发生的事情,真正享受生活的美好。

跟内在小孩对话,宽慰焦虑的自己:
"焦虑不是软弱的象征,它只是说明了你试图坚强了太久。"

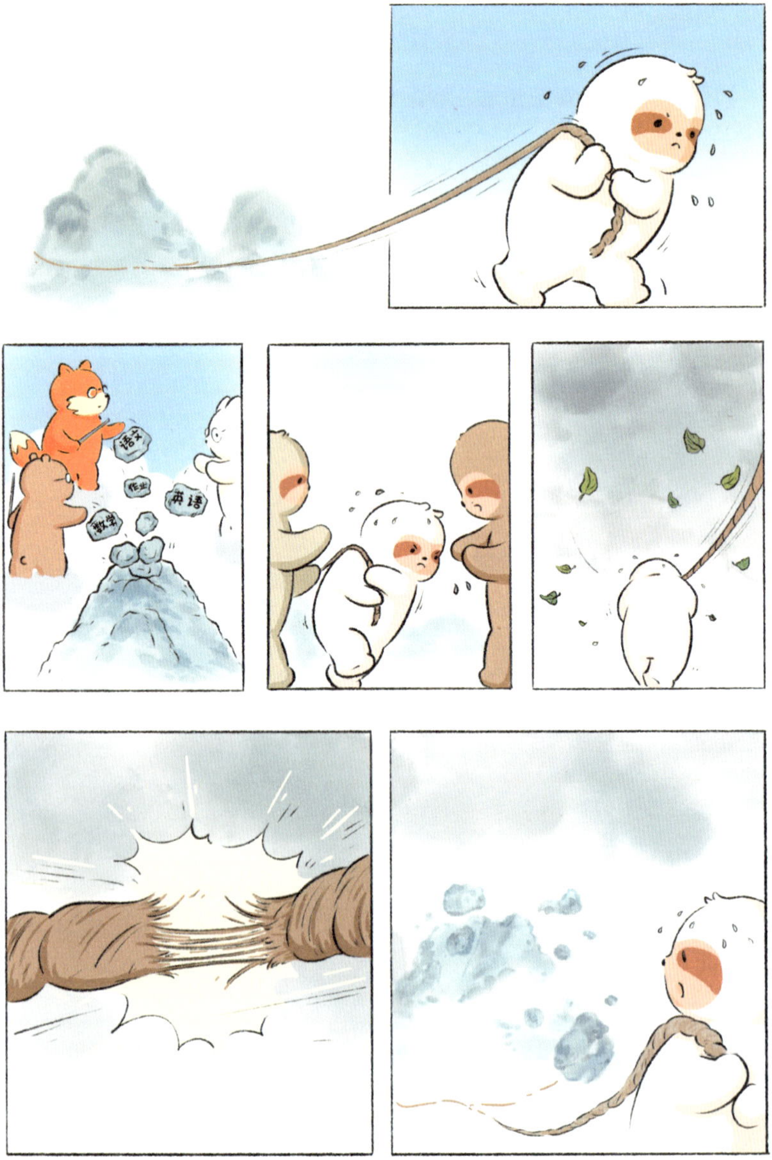
语文
作业
英语
数学

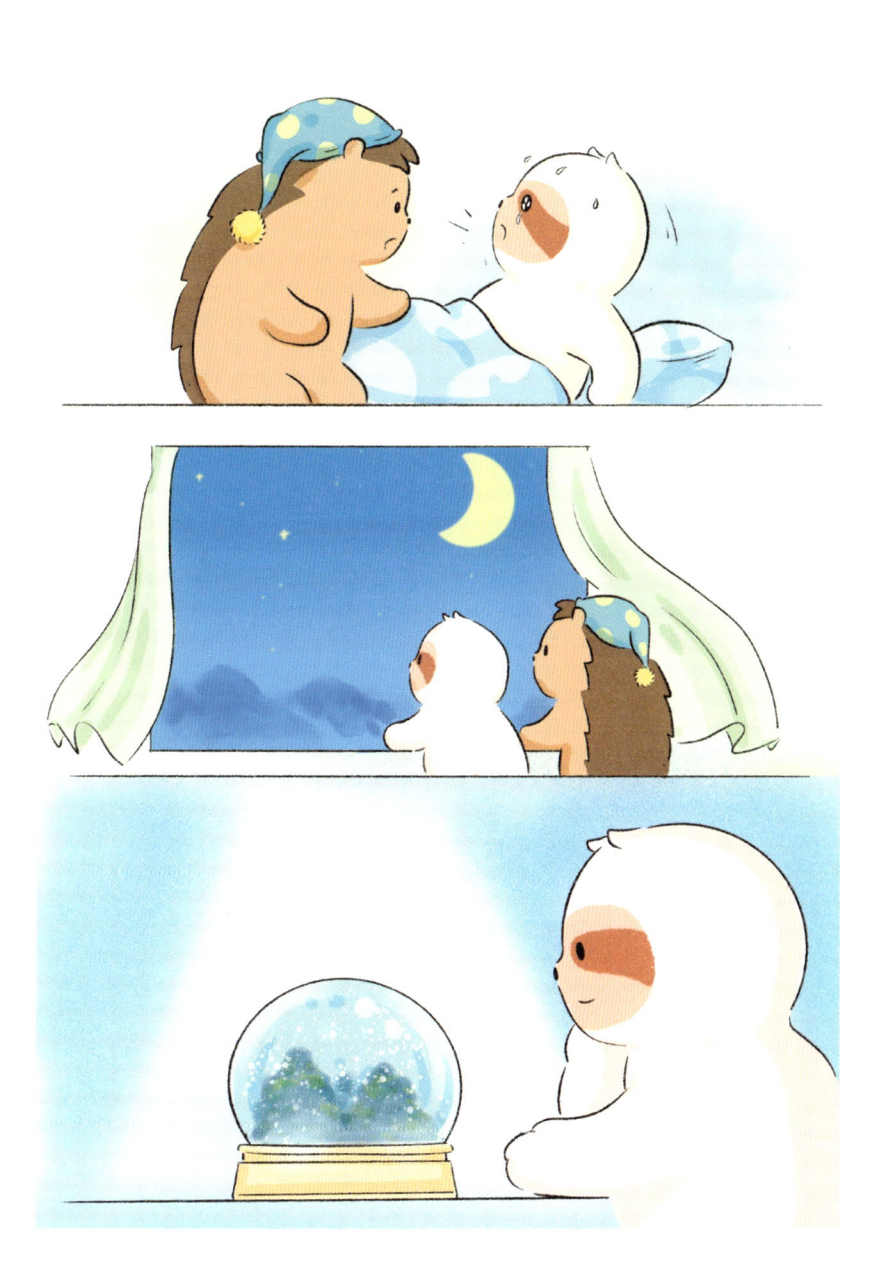

10 如何减轻精神内耗

生活中,很多人总是随大流,不停地参加各种考试,与数百人竞争梦寐以求的大厂 offer(录用意向),连在地铁排队都想站在第一位。既想要和别人一样成功,又一遍遍不停地自我拷问:

"这样的生活真的是我想要的吗?为什么我仍旧不快乐呢?"

我们每个人都有不同程度的精神内耗,因为我们都想让自己更优秀,让自己过更好的生活。

人产生精神内耗的诱因有许多,其中心理学家科特·莱温(Kort Lewin)首先提出的"动机冲突理论"占有很重要的地位。这个理论称,**身为个体的我们在日常生活中会同时面临许多冲突。想要做的和应该做的、理想与现实之间总有差距,而这个差距会让我们痛苦、焦虑,从而陷入不断的内耗中。**

很多时候,在面对非常渴望的事物时,我们总是下意识地否定自己,认为自己不可能得到。一面拼命追求,另一面又畏畏缩缩。在一进一退之间，精神不断遭受折磨。这何尝不是一种对冲突与差距的无助和恐惧？

精神内耗，往往是思想走在行动的前面，自己消耗自己。想要打破"忧虑—挣扎—内耗"的消极循环，最重要的是让行动走在思想之前。不要习惯性地否定自己，明白和接纳自身的不足，正视自己的欲望，勇敢迈出第一步。

"想，只是抛出问题。放手去做，才是答案。"

早晨醒来，在"子弹日记"上列举出今天想要完成的事情。

设置索引、未来计划、月度计划、每日计划和个性化板块。

·索引：像一本书的目录，可帮助我们在未来随时、精准地查阅自己曾记录的信息。

·未来计划：现在还未开始，但未来一定会做的事情。

·月度计划：当月计划做的重点任务、希望培养的习惯。

·每日计划：每日的计划和总结。每日记录的各项内容要简单明了，能体现出事件、完成度等信息就可以。

·个性化板块：如某个专题项目、考试等，按照时间、计划、复盘、总结的方式记录下来。

莽撞地开始，
拙劣地完成，
也好过因为心怀完美主义
迟迟不动手去做。

093

Mon.

Tues.

Wed.

Thur.

Fri.

Sat.

Sun.

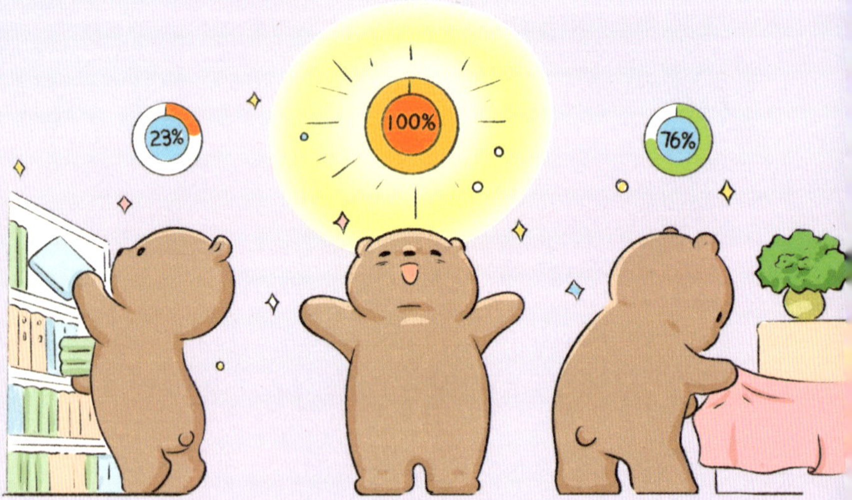
23%
100%
76%

Chapter 3

深度疗愈：
所有遇见，都是生命的礼物

1 你是那个从小被忽视的孩子吗

你会在日常生活中有意或无意地忽视自己的感受吗?

你是否经常会对他人的在意多过对自己的关心,或是对很多发生的事感到麻木,与自己真正的情感隔离,或是感叹"拥有这么多,我难道不应该感到更快乐、更满足吗?"。

不知从什么时候开始,我们关心万事万物的发展,却时常忽略内心的感受。这种忽视指的不仅是不理睬、不关心的态度,更是自我关怀的缺乏。

临床心理学家乔尼丝·韦布(Dr. Jonice Webb)提出了一个概念,叫"情感忽视",指养育者未能充分回应孩子的情感需求。"在某些方面,情感忽视与虐待相反。虐待是父母的具体举动,而情感忽视是父母没有注意到、关注或适当地回应孩子的感受,是一种不采取行动的行为。"

它无影无形,却对人们的生活造成了无声的伤害。一位经历过情感忽视的设计师取得了职业生涯的最高荣誉,当她捧着奖杯走在回家的路上时,街边高耸的大楼的玻璃幕墙映照出她孤单的身影。那一刻,明明该笑的她,却分明在哭。

那么如何让那个曾经不被看见的自己重新被关注到呢?

最好的方法就是练习自我觉知。 学会在生活中的每一件小事上觉察自己所感受到的正面情绪和负面情绪,了解自己真实的需求,并尽可能去理解和满足它们。

当你意识到自己的饥饿时,练习尊重这种感受,放下手中的工作并去寻找自己想吃的食物。即使这是一个非常简单的过程,却包含了看见自我、尊重自我、满足需求的完整步骤。重视那个曾经不被看见的自己,重新获得被看见的体验。

你已经长大,别再对自己进行静止脸实验。请保持自我觉知,让迟到的成长不再缺席。

要是觉得"我太常忽视自己的感受了",不妨试试"反向黄金法则"。

如果说"黄金法则"是"像希望别人对你那样对待别人",那么"反向黄金法则"就是"像对待别人那样对待自己"。

你怎么了？

我不够好，干什么都不行，我不配。

别难过，我想对你说：发生的事情不是你的错，你值得被保护！
你是美丽的、被爱着的！
你并不孤单，我与你同在，你值得一切美好的事物。

2 我们天生具有爱的能力，只是习得了恨

在人际交往中，我们常常有一种自己无法觉察的"阻抗"，这种"阻抗"很多时候是无法给出爱的根源。

伴侣在跟你讨论某件令双方产生争端的事情时，你用力咬住嘴唇，极力压抑内心的情绪，最后还是没忍住大喊："别说了，你就是对我不满意，我讨厌你！"

话一出口你就后悔了，眼前浮现出父母吵架时，父亲在争执后紧紧抿住嘴的动作。

在原生家庭中受到伤害的孩子，往往更容易模仿并重复父母的行为模式，最终变成自己讨厌的那种人。

在心理学上，这叫作"向攻击者认同"，即"打不过就加入"，受攻击的一方以此获得一种虚妄的力量，来消除恐惧心理。

向攻击者认同是一种防御机制，由精神分析学家桑多尔·费伦齐（Sandor Ferenczi）提出，指孩子在持续被攻击与虐待的情

况下，既无法消解对外部世界的恶意，也无法反抗，甚至无法逃离。因为攻击者往往是他们唯一的依靠。**当恐惧至极，孩子会完全自动化地服从于侵害者的意志，去观察他的每一个需求，并满足这些需求；他们完全忽视自己来认同攻击者。**

向攻击者认同，正是你在人际关系中的"阻抗"。在预感到敌意后抢先表现出不友善的态度，可能是曾经的痛苦遭遇，使得你预设他人是危险的，会嘲笑或伤害自己。为了避免受伤，就会率先攻击对方。

每当类似的场景出现时，受攻击者就会高度警觉。**当我们习惯了举起手里的"刀剑"和"盾牌"，以应对那些似曾相识的攻击和恶意时，也会将很多的爱和善意拒之门外。**

其实爱是我们天生具有的能力，也是我们基本的情感需求。用怀疑和"阻抗"的方式应对关系中的问题，并不利于问题的解决和关系的长期发展。

爱和信任需要时间去建立，更需要勇气去维护。当我们逐渐成长到有一天能够保护自己时，也可以尝试放下那些"武器"，唤醒曾经被遗忘的爱的能力，或许你会发现原来外界并非刀枪林立，那个曾经幼小的自我也可以用爱拥抱这个世界。

那么怎样放下防御，重新掌握爱的能力呢？

构建一个积极的梦想，多想象自己拥有梦想生活后的场景。

"我希望我能够处在一个一眼望到自然景色的空间里，窝在摇椅上和一摞爱看的书做伴，小猫会时不时来我身边蹭蹭我。我感觉安稳、闲适、幸福。"

通过积极暗示，内心生出足够多实现目标的力量，在积极目标指引下努力，我们的感受也会更加美好、幸福。

因为我选择爱的想法，
所以我感觉
身处充满爱的环境中。

这个字是"爱",我们要爱别人。

咳……
咳……

妈妈不要咳咳了。

原来我们宝宝天生就会爱呀!

爱 ài
爱

3 假性亲密：每天在一起却感觉不到爱

网络上有个热议的话题——假性亲密关系，指两个人虽然确立了情侣关系，但却好像没有真正参与到对方的生活中，而是通过一些打卡式的问候和不痛不痒的关心，践行着情侣之间的义务。

好的亲密关系在今天似乎成了一种奢侈品。即使我们处于恋爱关系中，也越来越难敞开心扉，无法完全信任一个人。

朋友曾经分享过一段失败的恋爱经历。

两个人有很多共同爱好，在恋爱初期一拍即合，彼此欣赏。但随着在一起的时间变长，两个人之间的矛盾也逐渐浮现出来，比如生活习惯、工作态度和交友方式上的不同。当他们面对矛盾时，陷入一种惯性的博弈之中。问题的解决似乎不再重要，而坚守自己的领地，确信自己是正确的那一方成了唯一目的。

朋友说道："后来回想起来，如果当时两个人能平心静气地坐下来好好聊聊，也不一定会分手。我们志趣相投，却都不知道怎样解决关系中的矛盾。"

这很像电影《花束般的恋爱》的剧情，男主、女主因为兴趣相投走到一起，却在现实生活的磋磨下渐行渐远。

当没有人愿意跳出既有的认知框架去面对问题时，结局必将指向分离。

世界上并没有命中注定的对的人；所有对的人，都是磨合出来的，而磨合的要义就是以正确的方式应对矛盾。

在处理问题时，人总是倾向于使用那些熟悉的方法，即使眼前就有更好的办法，也不会选择，这就是心理学上的"定势效应"。这种效应让我们形成知识和经验的负迁移，从而导致误判和错误的决策。

童话故事里，我们最终会遇见一个对的人，这个人像礼物一样降落在我们的生活中，带给我们救赎和希望，打破爱情里的条条框框。

但很遗憾，现实生活不是童话故事。任何一段关系的持续都需要在享受快乐的同时，去积极应对或大或小的矛盾。

愿你早日找到那个对的人，更要珍视在寻觅过程中的自我。毕竟"真爱无坦途"。

不好意思，我迟到了。

没关系，我也刚到。

我果然不适合吃蔬菜,要是有人可以陪我吃点别的就好了。

世界和我爱着你
@shulan

有哪些征兆证明你正处在一段良好关系中?

9:23 PM · Mar 9, 2024

♡ 11

> "你喜欢和他在一起时的自己。"

> "你每一步的成长和改变都会得到赞美,而不是批评。"

> "说得对！👍"

> "你很清楚对方的想法,不需要费尽心思去揣摩。"

想和你去的五个地方：

1.

2.

3.

4.

5.

4 超越原生家庭

《橘子不是唯一的水果》的作者珍妮特·温特森在自传中描述自己的原生家庭，这样说："**父亲不快乐。母亲很错乱。我们像是各自人生的难民。**"

不得不承认，父母的教育方式和家庭氛围都会影响到子女的价值观和世界观。在很多心理分析视角下，原生家庭的负面影响好像是一道无解的命题，那些童年的糟糕经历导致了我们性格上的弱点。在长大之后，我们即使进入了全新的生活环境，却仍然会面临原生家庭带来的熟悉问题，无力修复曾经所受的创伤。

但人真的无法改变原生家庭带来的问题吗？许多人在谈论自己工作、生活、亲密关系中面临的问题时，总会附加一句：我这么处理是因为原生家庭给我带来的影响。但当我们将生活中出现的一切问题都归因于原生家庭带来的问题时，从某种程度上来说，也忽视了我们作为独立个体的自主性。

人生是不断成长和突破的。

心理学家卡尔·兰塞姆·罗杰斯曾说过:"**好的人生,是一个过程,而不是一个状态;是一个方向,而不是一个终点。**"当我们在成长过程中逐渐认识新的人、进入新的环境、拥有新的认知时,我们也拥有了可以自主选择生活环境的能力。

过往的原因就算能作为解释,也无法成为解决之道。

人不应该被过去束缚,只有你能描绘自己的未来。我们是自己的后天父母,可以看见自己、接纳自己,也可以无条件地爱自己。如果无法处理好原生家庭的课题,那么每次遇到类似的困境时,过去的"我"和现在的"我"都会受到伤害。

你的人生需要你用勇气去改变。

那么如何尽力摆脱原生家庭带给我们的负面影响,建立健康的生活方式并助力自我的成长呢?

· 在家庭矛盾爆发时,寻找新的应对模式。

· 觉察彼此的情感,寻找良性的情感互动。

我们对自己有点办法（6）...

> 今天在家躺了一天，晚上等着你们一起吃饭，开心！

> 能舒舒服服地休息，太棒啦！

> 我马上到了，等一会儿陪你瘫着。

我们还没照今年的全家福呢!

5 你不用对别人的情绪负责

"我没事,你别生气就好。"这话是不是听上去特别熟悉?因为你常常就这样压抑自己的感受。

你总将他人的需求置于自己的需求之上,你害怕冲突,不敢表达自己的想法;你总是试图满足他人的期望,对他人的情绪负责,希望通过"读懂空气"来获得喜爱和认可。

我们之所以活得很累,并非因为生活过于刻薄,而是因为我们太容易被他人的情绪所左右。

过度在意别人的情绪,是一种精神内耗。每个人的承受力都有限,当负面情绪过载,崩塌只在一瞬间。

阿德勒指出"一切烦恼都源于人际关系",据此,他提出了"课题分离"。

所谓课题分离,简单来说,就是分清楚别人的问题和自己的问题。

"一切人际关系的矛盾，都起因于对别人的课题妄加干涉，或者自己的课题被别人妄加干涉。"因此，在人际交往中，我们要建立明确的边界，不干涉别人的事情，也不让别人随意插手自己的课题。

别人对我们的期待、指责，这些都是别人的课题，我们无须背负不必要的内疚、焦虑。我们要学会表达自己正当的情感和诉求，而别人接受还是拒绝，认可还是反对，都是别人的课题。

永远记住，每个人都是自己情绪的第一责任人。要求别人为自己的情绪负责的成年人，都是在用自己的情绪裹挟别人。你要知道，你不是他人坏情绪的"责任者"，他自己才是。

对别人的情绪，我们可以共情，但无需承担。

在自己的人生里，每个人都可以按照自己的意愿和节奏去生活。**一个人最大的清醒就是，明白别人的情绪与自己毫无关系。**

当你学会课题分离，你的世界将一下子变得清爽无比。

当你不由自主地因为一些情绪而困扰时，不妨停下来问问自己："我是不是过于认真了？"这时，你可以尝试用情绪ABC理论来帮助自己。

首先，找到那个让你产生负面情绪的事情，我们叫它A。

其次，想想你对这件事的看法或者评价，这就是B。

如果你发现你的看法不太对，那就改变它，这样你的负面情绪和反应（C）也会跟着改变。

这样，你就能以更理智和冷静的态度来看待问题了。

你的使命是让自己开心!

你心里有我,你身边是我,你要如何,我们就如何

方案需要调整。

这是你的问题，你好好想想吧！

喂，你是客服吗？

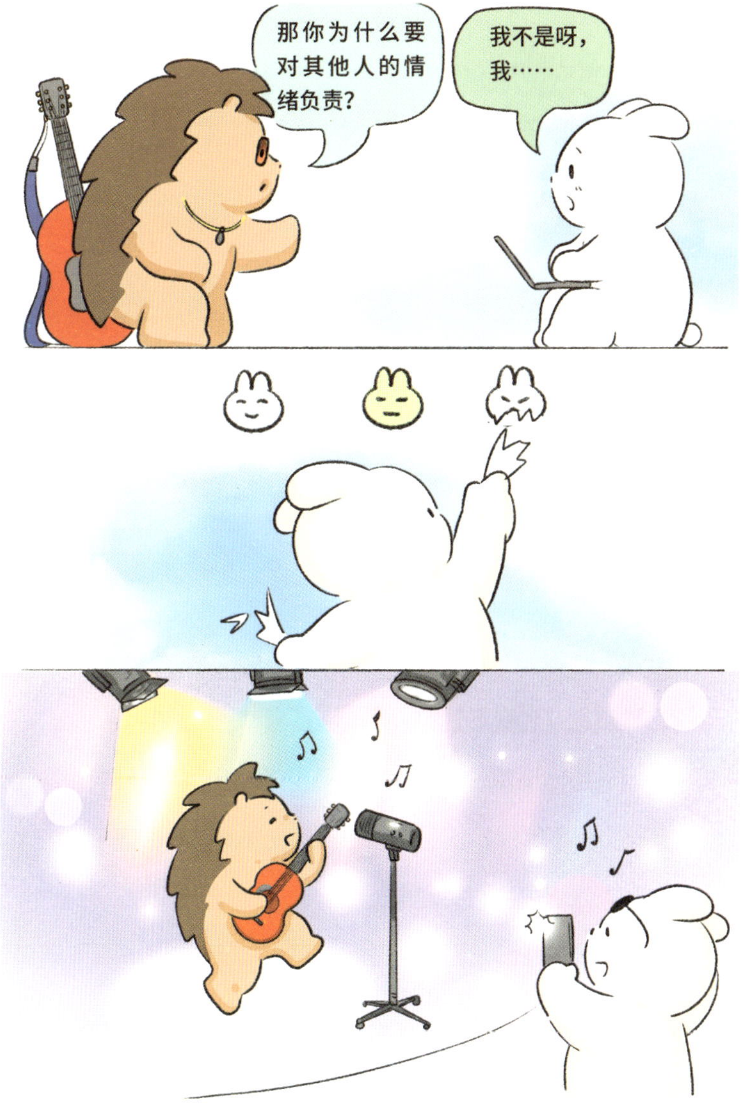
那你为什么要对其他人的情绪负责？
我不是呀，我……

6 可以翻脸，是一段关系的底线

相信大家或多或少都听过这样的"桥段"，一对朋友仅仅因为一个小误会产生了矛盾，可能是一个表情，可能是没说出的那半句话，此后便一发不可收拾，双方共同用猜忌和怀疑浇筑起一座名为"沉默"的高墙。

他们都面临着一个选择：

是剖开问题去深入聊聊，还是为"表面的和平"选择沉默。

这种时候，沉默不是金。

一段关系出现裂痕的原因有很多，有时因为距离、权力或地位，但是更多的时候，仅仅是因为我们在面对分歧时的态度。

太多人想避免翻脸所带来的影响，一味地选择沉默。殊不知，这将会给一段关系带来更为严重的伤害。一旦选择闭嘴，那道横亘在人与人之间的"沉默"的高墙，在往后的日子里，会越垒越高，跨越的难度也会越来越大。

但这堵墙并非不可逾越,关键在于我们是否愿意拿出勇气,是否愿意为了一段关系的健康成长,去选择翻脸——不是出于冲动,而是出于对彼此的深度理解和尊重的需求,去正视那些使我们不适的真相。

《亲密关系》一书中指出,冲突是亲密关系中的必要组成部分,而真正的亲密关系建立在能够共同面对冲突和不安上。 当我们回避剖白,试图堵住可能带来的缝隙,不仅阻碍了问题的解决,更破坏了关系的基本组成——坦诚与真实。

从更深层次而言,冲突是一种清晰的界限、一个明确的信号,表明我们不愿意容忍那些有害于关系的行为或情绪。在一段健康、平等的关系中,任何一方感觉受到伤害或不公平对待时,都应当通过适当的方式表明态度。这种沟通要求勇气和技巧,却也是帮助我们建立更深、更真实的联系的唯一途径。

我们珍视彼此的关系,并深信其稳固无比,足以承受任何真相的冲击。

因此,勇敢地面对问题,诚实地袒露我们的感受和需求,和善而坚定地表达不满和分歧,才是对一段关系负责任的态度。

在每次发生争执以后,等情绪稳定下来的几天内两个人可以尝试共同复盘。

双方尽量客观冷静地陈述和商讨:

"你认为这次争吵的诱因是什么?"

"在冲突的背后,你有什么感受?"

"我们的解决策略是什么?是否能达成共识?"

让翻脸成为
一段健康关系的底线，
而非不可触碰的逆鳞。

你的朋友就这么忽略你,去跟他更好的朋友玩啦!

他们好久不见啦,聊聊也正常吧。

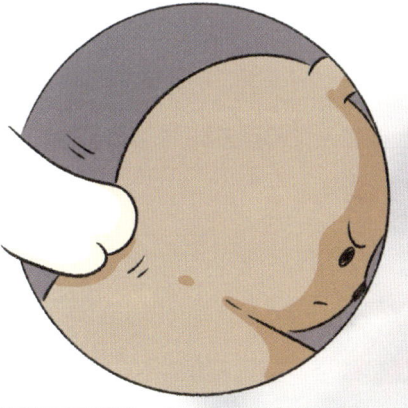

咱们一起玩吧!

我累了,你们玩吧。

咱们接着玩儿吧!

今天你是我最重要的朋友呀!咱俩才是在一块儿的。

那你朋友呢?

7

不要高估你和其他人的关系

你是否有过这些经历?

深夜,无意中发现伴侣的某条"朋友圈"屏蔽了你;

明明说过要见证彼此人生的重要时刻,最好的朋友却不声不响地在其他城市举办了婚礼;

和父母开玩笑,问谁是他们最爱的孩子,却发现他们眼神闪躲;

…………

随着时间的流逝,你发现自己越来越难以向世界敞开心扉,表达自己的真实想法和感受。**马尔克斯在《百年孤独》中写道:"人生的实质,就是一个人活着,不要对他人心存太多期待。"**

这世上有太多关系禁不住人性的考验,也有太多感情抵不过岁月的变迁。

有些感情,在你眼里是"天长地久",在别人眼里或许只是"彩云易散"。

在人际关系中，我们总是把美好的愿望投射到对方身上，希望热情能有回应，付出能有回报，善意能换来善意。但很多时候，对一段关系抱有过高的期望，往往是失望的开始。

因此，我们要做好预期管理，管理好自己对别人的期待，不要高估你和其他人的关系。

自体心理学家科胡特提出了一个适用于任何关系的理论："**不含敌意的坚决，不带诱惑的深情。**"

如何拒绝你？用没有敌意的坚决——**我不答应你时，我态度坚决，但毫无敌意，不会训斥、贬低、指责你。**

如何深爱你？用不含诱惑的深情——**我对你无条件地接纳、无条件地爱，我爱你不是为了让你满足我的需要。**

自然界的病态共生尚且会对双方造成不可逆转的伤害，在人际交往中，更需要设立适当的界限。界限不意味着拒人于千里之外，而是通过开放而坦诚的沟通告诉他人你的需要和期望。

你要知道，最好的关系既能相互依赖，也能彼此独立。

接受人际关系随时间变化的事实同样重要。这并不意味着你做错了什么，或者你不够好，而只是人生本来如此。

有些人走着走着就散了，有些人处着处着就淡了。

人一生最重要的课题，是拒绝病态共生，经营好自己的生活。

人要到能托举和滋养他的地方去，学会创造一个与他人无关的自我支持系统。

一个不受打扰的专属于自己的空间；

一份能够自我实现的工作；

一套完整翔实，能够帮助自己认知身体、心理的知识体系；

……

找三个好朋友,
让他们各自写下你和TA的
友谊诞生的瞬间：

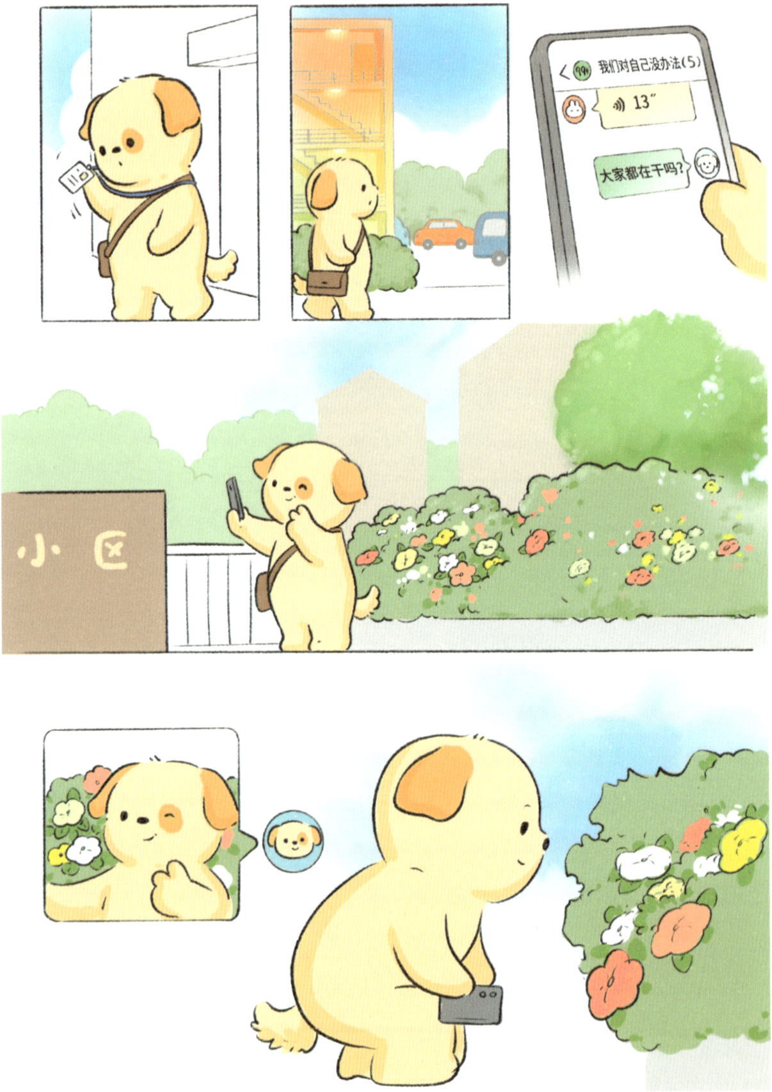

我们对自己没办法(5)
13"
大家都在干吗?
小区

朋友圈
爱吃胡萝卜
生活在别处的我

朋友圈
维尼
生活在别处的我

朋友圈
喵喵
生活在别处的我

幸福小区

8 情感勒索有多可怕

父母总对孩子说:"我所做的一切,都是为你好。"

伴侣向你抱怨:"我明明不喜欢旅行,都是为了陪你。"

朋友请你帮忙,却带着责备的语气:"这点忙都不帮,亏我还把你当最好的朋友。"

在这些让人感到不适的时刻,情感勒索正在发生。

情感勒索,是一种在亲密关系中强有力却带有隐形色彩的操控方式。 在这样的病态关系里,明明是施压的一方,却总是占据着道德的制高点,以爱之名,不断勒紧套在对方身上的绳索。

情感勒索者大多是与我们非常亲密的人,而识别并承认情感勒索并非易事。因为我们总尝试说服自己,合理化他们的行为。

心理学家武志红一语道破情绪勒索者的基本逻辑:"**身为情绪勒索的一方,定义了何为情感,定义了何为正确,然后去质疑对方,为何去破坏这份情感,为什么不按照他说的做。**"

要识别情感勒索，必须清楚谁才是"战争"中的受益者。**勘破对方的质疑，究竟是真的在意你，还是透过你的渴望、恐惧和责任予取予求。**在不断试探彼此底线的"游戏"中，若你选择退让，对方就会步步紧逼。

可是，要向亲密的人说"不"，需要很大的勇气，它可能会导致关系的终结。但我们要认识到，一段关系的结束并不一定是坏事。如果我们不能通过冲突，找到成长和解决问题的路径，那么这段关系可能本就摇摇欲坠，不足以面对生活中的任何挑战。

关系中的情感勒索，并不意味着关系的必然崩塌。只是表明我们需要正视并改正不良的行为模式，让关系回归稳固。

通过正面的心理暗示，坚定自己摆脱情感勒索的信念；建立明晰的心理边界，不做他人情绪的人质；**不争辩、不自责、不妥协**，挣脱情感勒索的枷锁。

愿我们都能拨开温柔又残忍的迷雾。别让最亲的人，伤你最深。

在识别情感勒索之后，我们应该用怎样的话语应对？
套用一种固定句式：表示感谢＋表达自己立场＋为什么＋自己的感受。

哈哈哈……
哈哈哈……
妈妈
快回来，你爸又跟我吵架了，我真后悔……
我爸妈总是这样，他们一吵架，我要是不去劝架就是最坏的小孩。
别着急,我有一个分镜不知道怎么画,你能帮我想想吗?

快给我一百万元,不然小心我撕票!
我不太懂,你说这算勒索吗?
这当然是勒索!
那情感上的勒索就不算勒索了吗?
通话时间
1:03:15

9 孤独的力量，内心才是一切的答案

人是社会化动物，永远彼此需要，但孤独才是生命的底色。

那究竟什么是孤独呢？

"52 赫兹"的鲸？

从 A 到 Z，翻遍手机通讯录，却找不到一个人聊天？

悲喜自渡，他人难悟？

…………

是的，这些都是孤独。

本质上，"**孤独并不是来自身边无人。感到孤独的真正原因，是一个人无法与他人交流对其最要紧的感受**"。

荣格所指的孤独并非社交孤立，而是一种内心的感受，也是一种存在的状态。是心灵的独舞，而非人群的疏离。是无法与他人分享思想和感受的困境。

孤独是人生的常态，是一种自然的情绪反应，无所谓好坏。

人之所以觉得孤独不好，是因为人害怕孤独。

事实上，孤独可以让人的心灵与世界保持一定的距离，缓解与他人交往带来的压力，让我们得以深入内心，找回最真实的自己。

在孤独这门人生的必修课中，想要拥有"好的孤独"，你必须学会独处，告别孤独的羞耻感，从内心真正接纳孤独，有效地调节自己的情绪，拥有在需要的时候随时获得"重要他人"的支持的能力。

越强大的思想，就越要从孤独中寻找力量。当一个人学会了与孤独和解，和自己对话，自我的力量便开始觉醒，内心就会变得越来越强大，不会害怕任何人的离开，从而拥有真正的自由。

"文王拘而演《周易》，仲尼厄而作《春秋》。"当你独处，没有任何人打扰时，可以把注意力完全放在自己身上，把孤独的时光变成最好的增值期。

当不再害怕独处，不再恐惧孤独，你就不会在外部世界中寻求慰藉。一个人吃饭、看电影、旅行，都可以成为你与自己联结的方式。你可以聆听一朵花开的声音，感知世界和自己内心的节律。

"内心丰盈者，独行也如众。" 当你不畏惧面对自己时，孤独就是享受生活的一种方式，给你向内生长的力量。

蒋勋说:"生命里第一个爱恋的对象应该是自己,写诗给自己,与自己对话,在一个空间里安静下来,聆听自己的心跳与呼吸,我相信,这个生命走出去时不会慌张。相反,一个在外面如无头苍蝇乱闯的生命,最怕孤独。"

在你独处的时刻,
最常出现的想法是什么?

把世界归于人海,
　　把我还给自己。

我到了，放心吧

信转了世界一圈,来到你手上;我也环游一周,回到你身旁。你读着信,你看看我。我和我的心,永远与你在一处!

10 不讨好任何人的你，更令人着迷

记得曾经有人说过：对他人太过热情，就增加了不被珍惜的概率。

很多人想被珍惜，却偏偏习惯性地讨好他人。

牺牲自己，讨好他人，是一种获得自我价值感的病态模式。

人是教育的产物。我们从小就深受赏罚教育的影响，"听话""懂事"就会得到表扬，反之就会被批评甚至被惩罚。其结果就是，许多人终其一生都在寻求认可，活在他人的期待里，活在害怕关系破裂的恐惧之中。

事实上，欺负你的人正是因你的软弱而来。而你的每一次讨好和退让，都是在告诉他人，你可以被随意对待。

皮特·沃克在《不原谅也没关系》中提出的情绪个体化的概念，可以帮助我们摆脱习惯性地迎合他人的情感状态。在人际交往中，我们需要设定界限，让我们忠于自己真实的情感体验，以改变反射性地赞同他人的习惯。但这并不是指压抑真诚的共情，我们知道，"与亲密的人一起哭、一起笑是一种真正美妙的体验"。**情绪个体化真正的意思是，你不必在压力的驱使下，假装对别人的情绪感同身受。**

其实，人与人之间的交往，完全不取决于你能否时时刻刻地满足别人的需求，而取决于你本身是否有足够的价值和能量。

当一个人发自内心地爱自己，能够察觉自己的需求，考虑自己的感受，并敢于合理表达自己的真正意愿时，你就会明白：没有人应当围着另一个人转，在自己的世界里，自己永远是中心。

当你不再隐忍和压抑自己的情绪时，你所焕发出的真实、活力和强大的生命力，将让你拥有难以抗拒的魅力。

当我们懂得满足自己的需求时，关系中的注意与爱才会回流到我们身上。

不讨好任何一份冷漠、不辜负每一份热情的你，会更让人着迷。

尝试着戒除"文字讨好症"。
在感觉到对话难以推进的时候：
不用语气词，不用表情包，不当最后一个结束对话的人。

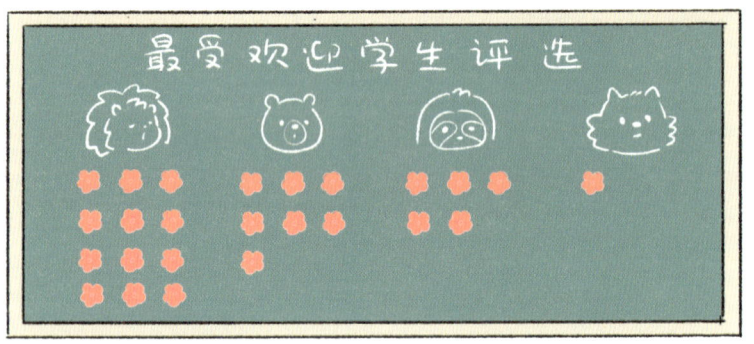

他把我的卷纸弄皱了。

我明明不吃葱花,他还是给我加了。

没打扫干净,还有垃圾。

你上次帮我拿了卷纸,走吧,我请你吃刨冰!

因为我真实地做我自己,他们爱喜欢就喜欢,不喜欢就远离。

我也想被人喜欢,可是为什么大家都这么喜欢你呢?

每个人都可以最喜欢自己,你也试试吧。

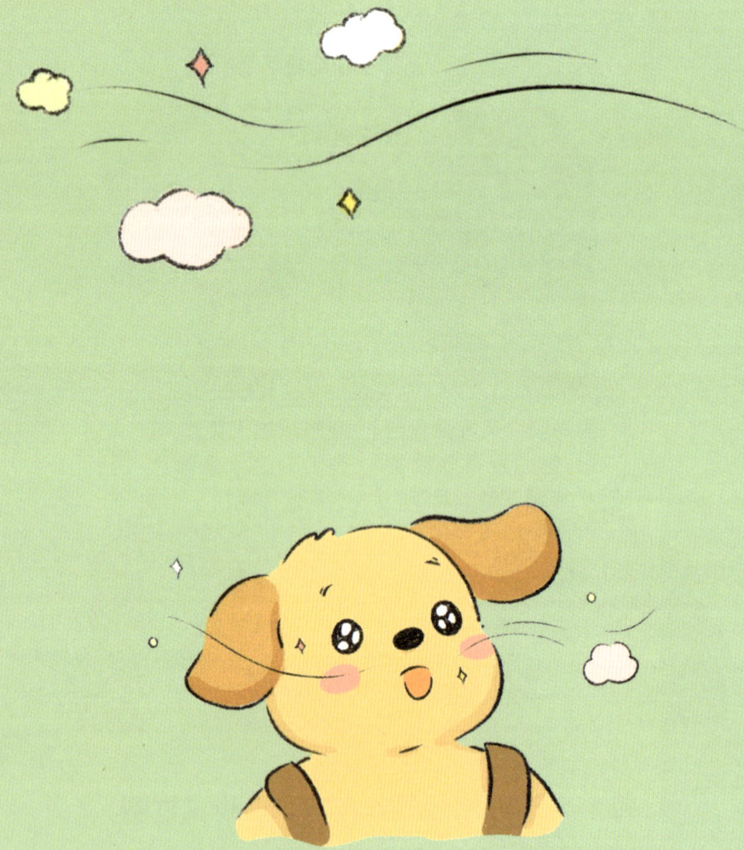

Chapter 4

爱自己，爱生活：
日常生活的力量

1 简化你的生活

苏格拉底曾在逛遍雅典集市后,感慨道:"**这世界上,原来有那么多我并不需要的东西。**"人的欲望在物质过剩的时代被无尽地放大,我们如饥似渴地妄图占有一切。

早在 2009 年,美国的一部纪录片 Hoarders(《囤积强迫症》)为我们揭示了囤积障碍者的内心世界。**囤积障碍是一种精神障碍,表现为一种强迫性的行为,即无休止地获取和保留物品,哪怕它们毫无价值、充满危险或卫生状况堪忧。**囤积者赋予这些物品特殊的情感价值,并从中寻求安全感。

可现实情况是,占有更多的东西似乎并没有让人离幸福更近,甚至适得其反。

也许我们身边鲜有囤积障碍者,但在生活中永远不乏过着极繁生活的人。他们以不断获取物质来得到慰藉,对抗孤独。**对他们而言,任何形式的舍弃都意味着分离,都令他们煎熬无比。**

物质的丰裕，让生活变得越来越拥挤，却鲜少能填补人内心的空虚，人际关系的喧嚣也难以抚平内心的寂寞。有时候，幸福并不在于拥有多少，而在于内心的满足和宁静。

日本杂物管理咨询师山下英子在其著作《断舍离》中，首次提出了"断舍离"的理念，即清理掉那些不必要、不合适、不愉快的物品，并切断对它们的眷恋。

在这个过程中，我们需要与自我对话，深入了解自己的需求和喜好。只有向内看，深入了解自己，明确自己的需求，才能最终舍弃那些束缚我们的外在事物。

简化生活并不是要我们放弃追求，而是让我们更加专注于那些真正能带来内心满足的事物。人依赖的生存条件越少，就越强大、越自由，便可以更从容、更充实地享受人生。

愿你我都能卸下重负，轻盈前行。

相比于越用越旧的物品，同样的预算，可以考虑把钱花在常看常新的体验上。

观看音乐剧、参观博物馆、体验滑雪课、体验芳香疗愈……

尝试各种新奇有趣的事物，并感谢这些体验给我们带来最独特的人生。

消费塑造
我的生活

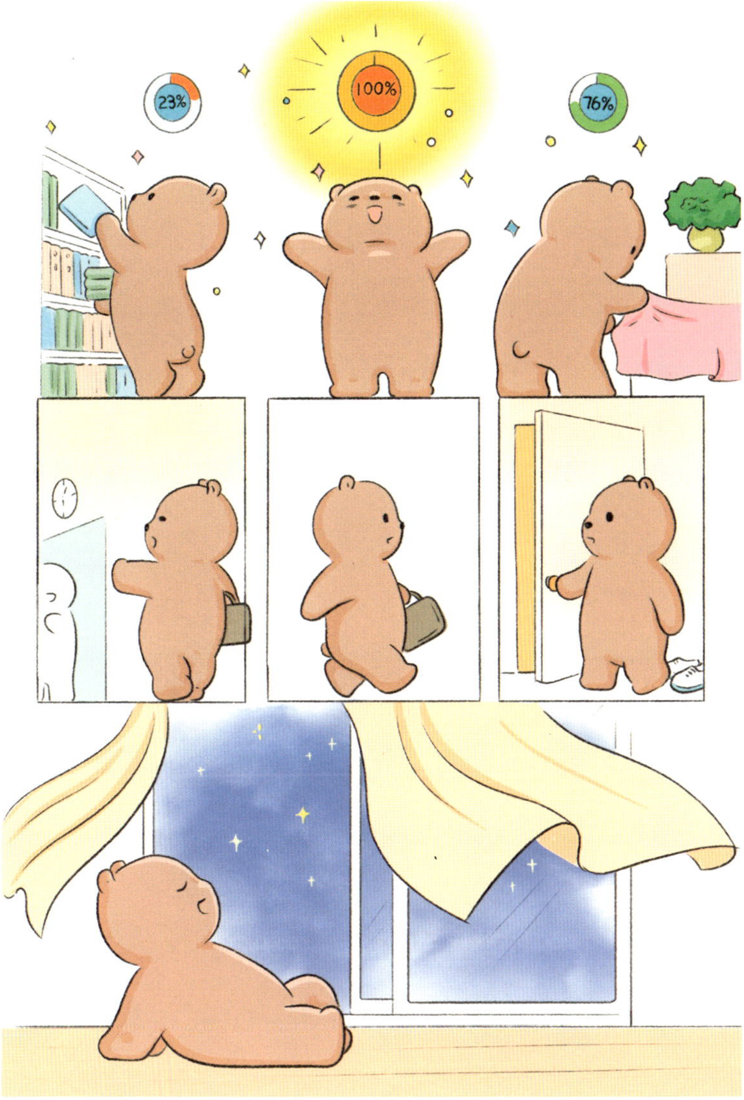
23%
100%
76%

2 累了就好好睡个觉吧

工作项目推进缓慢,截止日期却近在眼前;

家里的马桶一直漏水,却毫无心力顾及,只能出门关水阀,用时再开;

AI、新质生产力……新概念、新技术层出不穷,不拼命追赶,就会被时代抛弃;

…………

生活中都是问题,却没有想要的答案。

多数成年人的状态大概是,心里藏着疲惫和委屈,还得尽力地与生活周旋。成年人的崩溃常常只在一瞬间。

累了,就停下来歇歇吧,别再若无其事地假装坚强。不要太责怪自己,我知道你也是很努力地走到了现在,请抱抱棒棒的自己。

"睡眠,是对抗悲伤的枕头、对抗烦恼的药片、对抗犹豫的法官、对抗生活的安慰者。"

当夜幕降临时，调暗灯光，躺在舒服的床上，为一切按下暂停键。什么也别想，长长地睡一觉。等再醒来的时候，你总会发现，事情没有想象中那么糟糕。

就像手机只要关机重启，就可以清除 RAM（随机存取存储器）和终止后台应用，从而为新的任务释放更多空间，保持手机运行流畅。

睡眠，是生命赐予我们的宝贵礼物。良好的睡眠能够提升专注力、增强记忆力，还有助于情绪的稳定和免疫力的提升。

事实上，心理学领域很早就出现了关于睡眠对精神和心理健康的重要性的研究。

1965 年时，学生兰迪·加德纳（Randy Gardner）曾试图探究人类是否需要睡眠这一课题。在很长一段时间里，他跟不同的人交谈，使自己时刻处在清醒的状态里。结果毫无意外，随着睡眠剥夺时间的增加，他出现明显的注意力下降、知觉能力衰退等症状，在高级思维过程上也出现了障碍。

睡眠与人的认知能力关联性极强，当人处于深度睡眠的状态时，脑海中的记忆会不断地巩固和整合，从而被加深。在静息状态下，人的每一条神经、每一个肌肉群都能得到放松。

在许多察觉或未察觉到的时刻，睡眠悄无声息地安抚着我们，在黑暗中形成无声的包裹，一点点驱散疲倦、悲伤、困苦。

如果觉得自己太累了，就好好地睡一觉吧。给自己点时间，养精蓄锐，放松身心，一觉醒来，又元气满满。

李娟曾在《阿勒泰的角落》中写道："**世界就在手边，躺倒就是睡眠。**"了解自己的节律，和自己和谐相处，让脑海平静，让心从容。

"明明没有正当原因,我却还在报复性熬夜。"

这里有一份初阶版入睡指南,帮你成为前 1% 的睡眠者:

·每天清晨醒来后,尽早到户外接触阳光,调节人体昼夜节律,刺激皮质醇分泌。皮质醇能激活免疫系统,加速新陈代谢,还可以增加白天的专注力。

·临睡时调暗房间的灯光,减少人造光线,使用对褪黑激素水平影响更小的黄光。

·选择轻松的散文集或诗集,设置特定的阅读时间,20 至 30 分钟是理想选择。

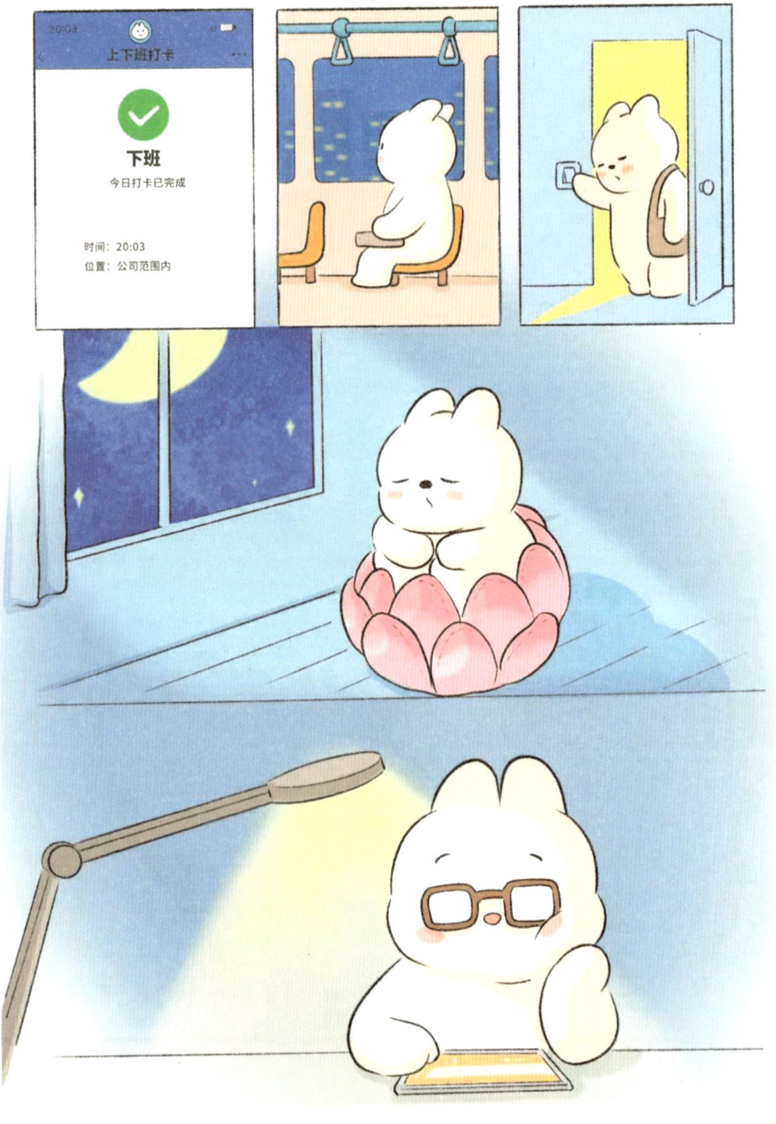
20:03
上下班打卡
下班
今日打卡已完成
时间：20:03
位置：公司范围内

备忘录
今日完成事项：
1.准时下班回家做饭
2.跟练健康操
3.今晚看星星
月儿明，风儿静，树叶儿遮窗棂……
累了就好好睡个觉吧。

3 哭本身就在解决问题

人生中总有许多让人想落泪的时刻。

学生时代当众被老师批评,上班后因工作疏忽被甲方刁难,回家的路上接到家人关心的电话……

可我们总是无法坦然面对自己的感情。

站在教室的最后,为了忍住眼泪将指甲深深掐进掌心;在工位上深呼吸,假装打哈欠,把泪水擦掉;在地铁上戴好口罩,在鸭舌帽的遮掩下默默流泪……委屈、脆弱、恐惧等感觉,身体都能将其转化为眼泪,人们却始终耻于哭泣。我们总是想着:我是不是很没用?怎么遇到了问题只会哭?

可哭并不是无能的表现,科学研究表明,哭本身就在解决问题。

我们的身体因流泪而分泌一种叫作内啡肽的物质。这种物质既能镇痛,又能抵抗抑郁情结的产生,常被用作抗焦虑的药物成分。

人们因悲痛而哭泣,因喜悦而哭泣,其实眼泪在这之中,默默地调节着我们的身心。当情绪袭来时，哭泣和爬山、游泳这些缓解压力的行动并没有什么不同。**流泪，是情绪的一种健康宣泄，同样也是我们面对万事万物有自身思考和感受的标志。**眼泪对情绪能起到安抚的作用，在哭泣之后，总能发现事先非常激动的情绪悄然间就平静下来，绷紧的神经也得到舒缓。

关于什么是真实，有这样两个回答："想说什么就说什么。""想不说什么就不说什么。"看似截然相反的两个方向实则指向同一个答案——毫不羞愧地表达自己的情绪。

"眼泪是人类所能制造的最小的海。"情绪不是洪水猛兽，我们的目的不是打败它，也不是压抑它，而是与它和谐共处。在泪水之后，理性往往会回归，帮助我们重新拥有去追逐和抵抗的力量。修缮好心灵的弱势地带，终有一日，它将成为难以入侵的坚固围墙。

自在地入世，自如地"沉溺"其中，再安然无恙地抽身离开。

下次流眼泪的时候，请不要责怪自己。

把眼泪收集在一张小小的"心碎纸巾"上，告诉自己："我可以流泪，我也有擦干眼泪的力量。"

生命是柔软而富有力量的，或许泪水的丰润能让它有更饱满的色彩。

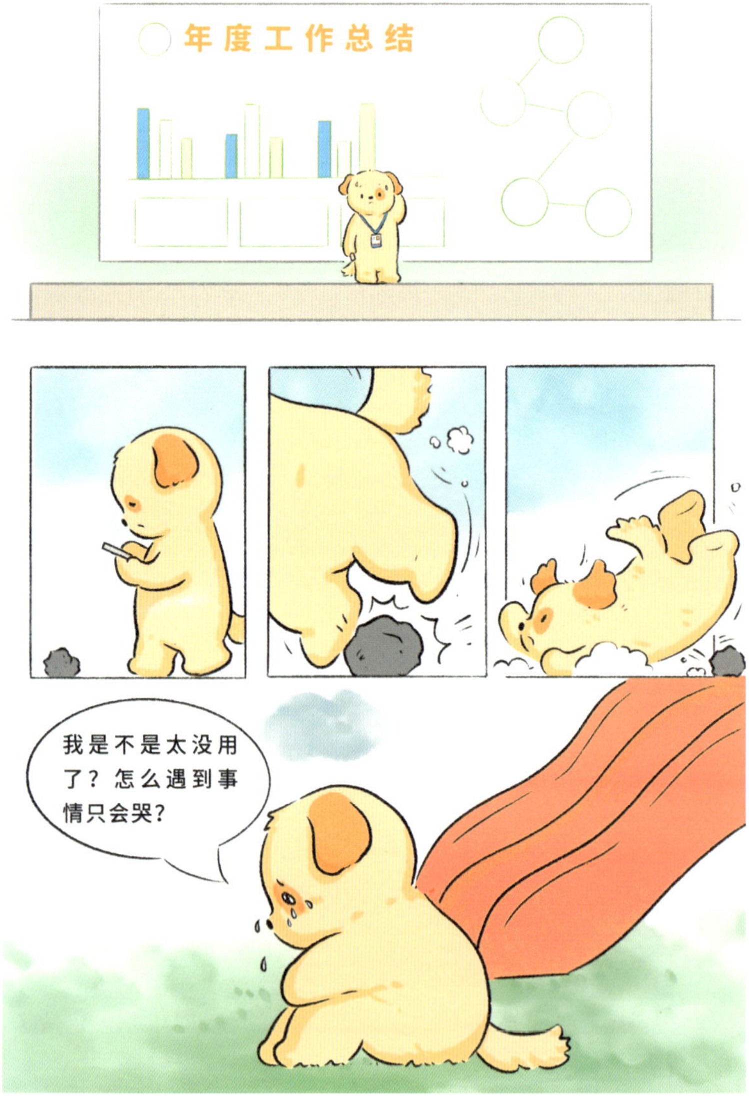
年度工作总结
我是不是太没用了？怎么遇到事情只会哭？

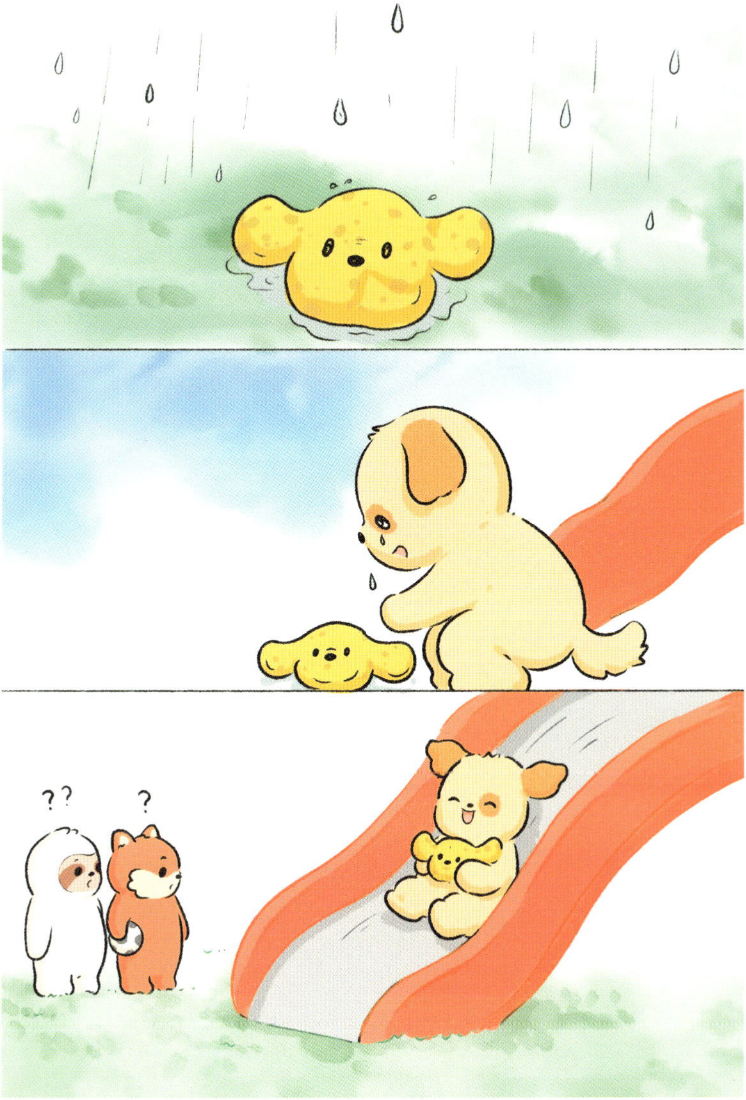

4 吃掉烦恼？
总想吃东西的人，原来都是情绪在作怪

"唯爱和美食不可辜负。""事已至此，先吃饭吧。""人生苦短，再来一碗。"

食物，仿佛一直有种神奇的疗愈力。

因此，人在不开心的时候，总是：特！别！想！吃！

这种因焦虑、压力、寂寞、伤心等情绪激发的饮食行为被称为"情绪性进食"。与生理性饥饿不同，情绪性进食更多是受情绪驱使的行为。

每当情绪打了败仗，高热量食物便成为我们抵抗坏情绪的堡垒。食物似乎可以安慰一切。

科学证明，美食能够促进多巴胺分泌，让人感到满足和愉悦，从而改善情绪。但那些"吃饱了还要硬吃"的时刻，却是将食物当作了发泄情绪的工具。"借吃消愁愁更愁"，情绪性进食除了会

对身体造成伤害，在短暂的慰藉后，往往还会令人产生深深的内疚感和负罪感；但人们又会止不住在懊悔之后再次暴饮暴食，堕入情绪性进食的怪圈。

心病终需心药医，情绪的问题终究要归于情绪。

因此，我们要知道情绪因何而来，不加评判地接纳它，让情绪流动起来。**当我们驱逐了内心的痛苦与不安，让安全、平静的感受充盈于内心时，我们就不再会依赖食物对情绪的支撑。**

不开心的时刻，除了"吃顿好的"，还可以听音乐、看电影、睡觉，甚至大哭一场。在你心力充足的日子，你可以去培养一些真正对自己有益的爱好——运动、阅读、写作……**让自己沉静下来，与自然对话，与世界对话，与内心深处的自我对话。**

你会发现，当你不只是用食物取悦自己时，生活还有很多精彩"插曲"，能给我们带来长久的满足，让我们真正拥有抵抗负面情绪的力量。

食物永远不会让人失望，你更不会让自己失望。

在稍微有些饱腹感的时候，请立即停止进食。

我们的脏器和情绪一样，在"刚刚好"的时候是最令人感到舒服的，"超载"就会造成伤害。

| 今年的业绩为什么没有上涨?你真的在用心做事吗! | 你看他这么胖,肯定又馋又懒,我们离他远点吧! 是啊! 我觉得也是。 | 你这个状态就是不健康的,妈妈已经给你挂好号了。 |

切记，那只是食品，不是爱。

5 给烦恼设个"时间窗口"

每个人在生活中总会有各种各样的烦忧,总是无法推进的工作、进步很慢的业余爱好、亚健康的身体状态……它们像不请自来的客人,时不时在我们的生活中留下痕迹。

在很多失落的瞬间,我们的脑海里总会浮现一句话:"**这一切会过去吗?我不会一直陷在烦恼中吧?**"

首先,我们需要明白,烦恼是生活中不可或缺的一部分。正如天气一样,有时晴天有时雨。我们不能因为烦恼的存在而否定生活的美好,也不能因为烦恼的频繁到来而对生活失去信心。相反,我们应该正视烦恼,学会与它们和平共处。

为了控制消极情绪的蔓延,我们可以给烦恼设个"时间窗口",意味着为烦恼设定明确的时间和空间。在这个"窗口"内,全力以赴地去思考、尝试,甚至寻求他人的帮助。但当"时间窗口"关闭时,我们就要暂时放下这个问题,继续投入到其他工作中去。等到合适的时机，再回来处理这个问题。把控制权握在自己手上，主动转换情绪，告诉自己："我不会被消极情绪打败。"

给烦恼设个"时间窗口"，不仅能帮助人们更好地管理情绪和时间，还能使人更加专注于当前的任务和生活。当我们不再被烦恼所困扰时，我们就能更加从容地面对生活中的各种挑战和机遇。

情绪是流动的，而你是自由的。

在潺潺流动、绵延不绝的生命之河中，那些曾遇到过的淤塞河滩，在当时的情境中看来是那么致命的打击，而在你坚持不懈地冲刷之后，它们最终也成了河道的一部分，流域从此更宽、更广。

不要执着于"为什么""凭什么"，碰到讨厌的人就逐渐疏远，遇到难以处理的困境也可以选择绕过。不需要和烦恼做过多的纠缠，你就会发现神奇的一幕：在你不予以过度关注的时候，烦恼悄无声息地离开了。

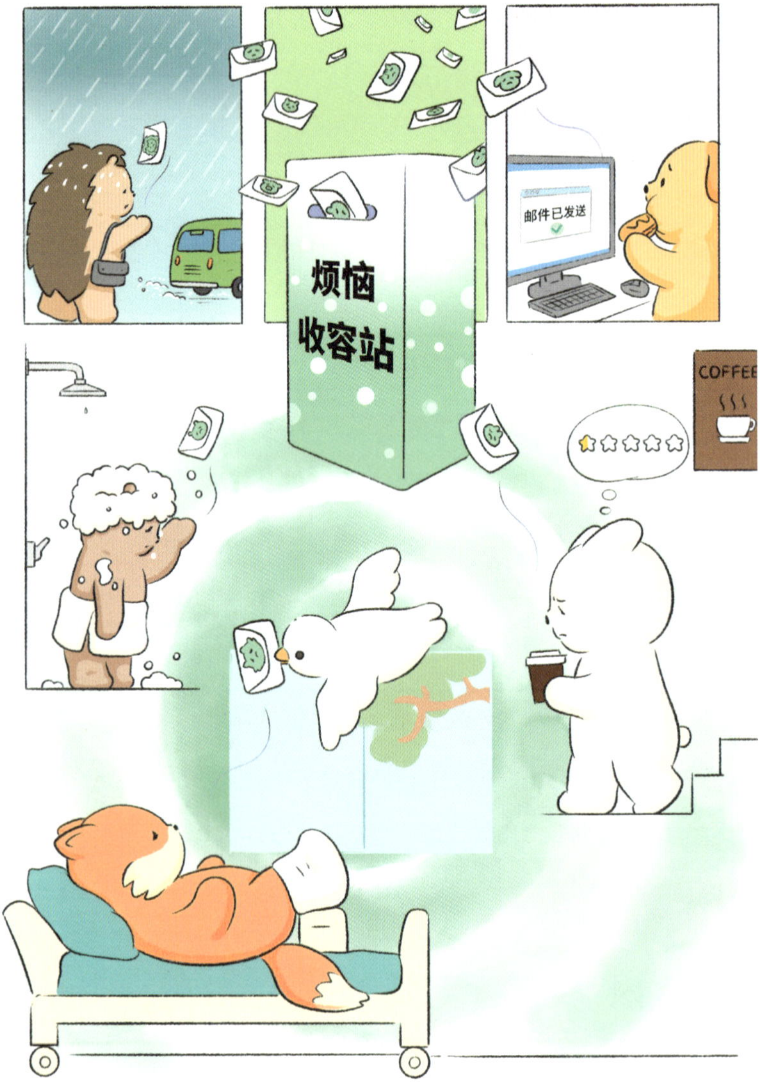
邮件已发送
烦恼
收容站
COFFEE

173

6 整理房间就是整理人生

人的一生，有三分之一的时间会在睡眠中度过，而在自己房间里的时间，无疑会更长。

对于房间的态度，在一定程度上反映着我们对生活的态度。

第一次踏入职场的时候，你为了方便工作在公司的周边租房。资金有限，只能租下一个很小的房间。那个房间十一平方米，在放下单人床、一张书桌和一个小衣柜之后，剩余的活动空间就很局促了。但你还是在每个周末将地板擦得很干净，在塑料水瓶里摆放几支新鲜的百合，在那个城市为数不多的晴天拉开窗帘，让阳光洒进来。

房子是租来的，但生活不是。通过认真对待生活的空间，学会更好地对待自己。

心理学家米哈里·契克森米哈赖（Mihaly Csikszentmihalyi）创造性地提出了"心流"的概念，它描述的是一种我们在从事某些活动时所体验到的特殊心理状态。在这种状态下，我们会全神贯注于正在做的事情，进入一种忘我、投入的境界，仿佛与周围的环境融为一体，甚至感觉不到时间的流逝。完成这样的活动后，我们会感到一种深深的满足感和充实感，仿佛全身充满了能量。

心流体验之所以如此特别，是因为它涉及我们身心的高度统一和协调。为什么收纳也能带来心流体验呢？收纳是一项有方法、有过程、有结果的活动。在收纳的过程中，我们需要对物品进行分类、整理、归纳，这些步骤都需要我们投入注意力和精力。随着我们不断地进行收纳，我们的脑海中会形成一系列清晰的指令，身体则会自动响应这些指令，采取行动。

整理房间是回归日常的最快的方式。面对着窗明几净的卧室，所思所想都是当下的美好。

"爱在日常才不寻常。"

整理房间也是重建自己的人生秩序的过程。

先有全屋整理的先后顺序，就像排列人生课题的优先级；再有物品收纳的点位布局，在合适的时间做自己最擅长的事；最后是实际整理中的操作，不要犹豫、评价，立刻行动。

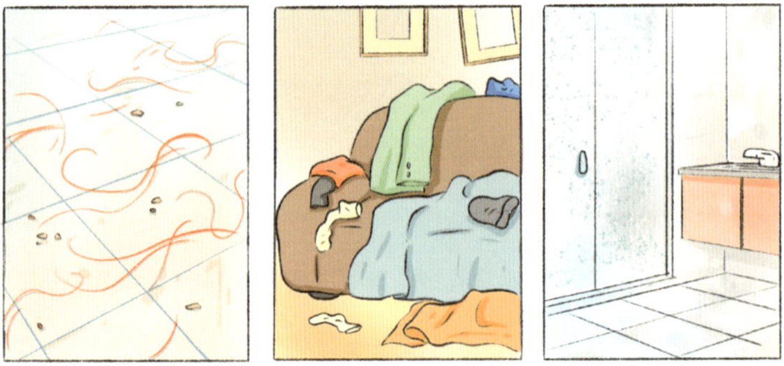

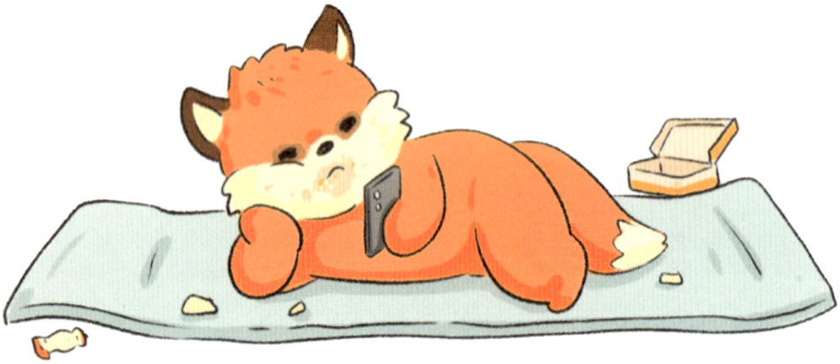

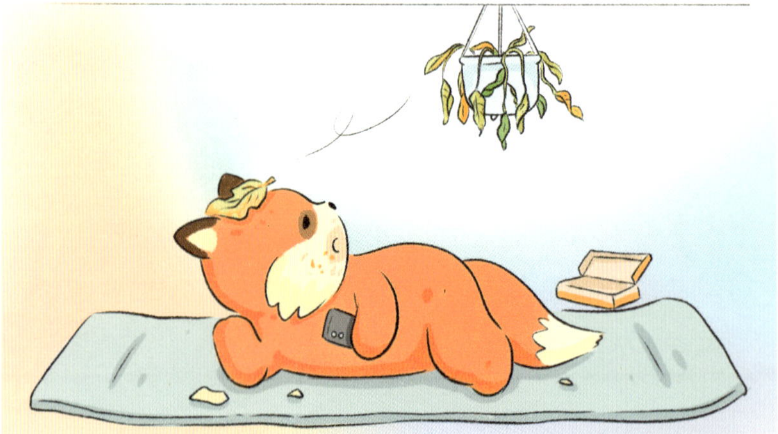

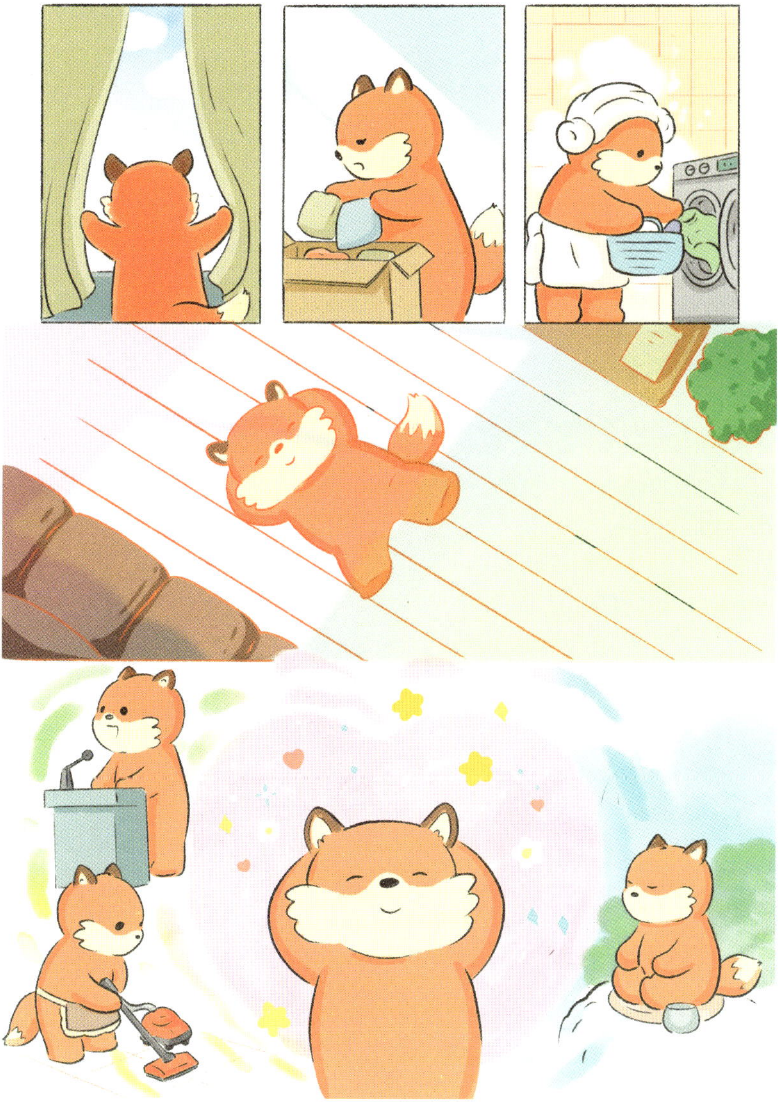

7 偶尔远离世间喧嚣，给自己一点放空的时间

时常能够听到周围的朋友有这样的困扰："根本没有时间是真正属于自己的。"

工作、学习和家庭，各式各样的压力摆在面前，要一刻不停地在各种事务中忙碌。好不容易挤出半小时的休息时间，打开手机发现自己仍旧歇不下来。

这些事情时时刻刻侵袭着我们，就像电脑使用久了需要清理缓存垃圾，人的大脑塞满太多思绪也是会死机的。而此时，"放空"就显得格外重要。

近年来，关于正念冥想愈发受到关注，像瑜伽、静坐这样的活动也逐渐被大众所熟知，我们都渐渐体会到"放空"的重要性。

"冥想并不是要让你的思维停止，而是要让你学会观察你的思维，让它们像云朵般飘过，而不被其困扰。"

把自己放在一个安静的角落里，什么也不想，什么也不做。

这一小段时间里，不与任何人建立情感链接，你只是自己，只与自己对话。

想象自己是一株水塘里的睡莲，周遭是水流声和鸟叫声。把心沉下来，感受风从胸膛穿过，愁绪琐事也就像杂质一样，沉淀到瓶底。

再睁开眼，世界变得那么清明，头脑也变得那么清晰，万物宛若新生。

静坐，"放空"，是不可多得的珍贵时刻。

在静谧的天空下，我独自一人，而日月山川，与我同坐。

我是天地间的独行者，也是自己小小世界的主人公。

初学者在进入正念的大门时，老师总会说："注意呼吸。"

呼吸是维系人生命体征最基本的要素，氧气被输送进血液里，再吐出。关注呼吸，关注氧气是怎么被吸进肺里，再从躯干流到四肢，在这个过程中，你会发现生命的神奇之处。

日常生活中保持正念的习惯，注意当下，享受当下。

远离消耗你的人和事

爱自己是终生浪漫的开始

允许一切发生

8 成年人的仪式感,安放了多少内心的情绪

忙忙碌碌地度过一整天,往窗外一看,春天竟然已经过去了大半。

平凡渺小的我们,每天所要面对的事情其实大同小异。但总是有些人善于在平平无奇的课题中,活出自己的精彩人生。

心理学有这样一种反馈效应(Feedback Effect),指人们在接收到反馈信息后,其行为和心理状态发生变化的现象。正面的反馈往往会增强自信和动机。通过做一件事情,你收到了积极的反馈,你就会更愿意继续做这件事情,深耕于此获得更多正反馈,最终形成正反馈循环。

这样的反馈机制,刺激着我们去以更积极的心态面对生活。

朝九晚五的生活,你是会选择早起十五分钟,给自己煎个吐司当早饭,听着窗外的鸟叫声和虫鸣声吃完,还是急急忙忙地赶到工位,饿着肚子度过一上午?

早起的十五分钟并不会为人生带来太大的改变，但在每晚睡去之前，设想在几个小时之后做哪种与昨天不一样的早餐，这样的期待，才是真正为生活带来改变的关键。

所有"小确幸"的集合，让平凡的日子熠熠生辉。"如果没有这种'小确幸'，人生只不过像干巴巴的沙漠而已。"正反馈是前进的源动力，要想方设法得到。懂得用仪式感去满足自己的人，就像把人生跨度拉成一个长长的进度条，自己则是线条之上缓缓向前的"小滑块"。

如果什么都不做，终日痴痴望着遥远的终点，或是茫然地向前走，没有任何方向，人会感到莫大的疲倦和无措。

但在这线条之上，切割出大大小小的节点，就能创造属于自己的进度条：为自己的书设计藏书票、参加一期感兴趣的领域的课程、尝试着用陶土做一个花瓶。路径之上五颜六色的印记，就像把五指张开，为自己燃放的一朵小小烟花，鼓励我们整理好心情，再次出发。

仪式感的背后是对明天的期待。

"一个人只拥有此生此世是不够的，他还应该拥有诗意的世界。"因为相信，明天的自己也会吃到美味的餐食，听到喜欢的歌曲，度过顺利的一天——这样的期待支撑着我们，在漫长的人生中，慢慢走好每一天的路。

假如你不知道怎么样去拥有一些小小的仪式感，那么，去养花吧。

世界上目前大约有四十五万种花，它们有着不同的花期、不同的生长方式、不同的适宜环境。

在了解之后，选择几种喜欢的，试着从种子开始种植。春天适合播种太阳花和天竺葵，挑选一个喜欢的花盆，每天约定好在早晚固定时段浇水，观察种子的变化。在将来的某一天早晨，你发现有一棵嫩绿的小芽从土中冒出。

相信在这一刹那，你就已经明白了仪式感的真谛。

试着列出
你生活中的仪式感：

恭喜你们已经认识1000天啦!

百货商店

不知不觉,我们认识这么久了啊!

你还记得,咱们刚认识那天……

香香甜甜蛋糕店

不好意思，先生，蛋糕刚刚卖完了。

不好意思，我是你前面的顾客，我买了两份蛋糕，吃不完，你能帮我分担一下吗？

你心里有我，你身边是我，你要如何，我们就如何

9 自律就是自己的节律

"自律使我自由。"

在这个充满期望和压力的世界里,自律往往被塑造成了一种苛刻的自我控制——每天坚持健身几小时,顿顿吃精致的减脂餐,打卡、列计划表、写周报,以各种方式要求自己必须按照一个固定的节奏生活……当我们无法按照社会期待完成某些事时,连我们自己心中都会出现一个声音:"或许我就是一个不自律的人吧。"

诚然,在我们的日常生活中,自律这种品质非常重要,它能让我们在面对诱惑与挑战时保持理性和目标导向。然而,深入探究自律的本质,我们会发现,自律不仅仅是一种简单的行为,更是一种心理和生理的调和,是我们与自身内在节律的对话。

村上春树在《当我谈跑步时,我谈些什么》中曾说过,他之所以每天坚持跑步,并不是因为要减肥或是要达到什么样的体形标准,而是因为跑步让他感到自在和快乐,这是他与自己对话的方式，是他生活中的一种仪式。

我们固有概念中的自律，可能让人感觉既难以企及又难以维持。但如果我们从另一个角度来看待自律，把它视为一种自我照顾和自我爱护的行为，那么一切都会变得不同。自律不是一种负担，而是一种更了解、更爱护自己的方式。

回想一下我们的生活节奏。一天天过着相似的日子，仿佛在一个看不见的钟表上行走，每一个节拍都是按照规定的步调前进，不容违逆。那么我们主动停下来倾听自己内心真实的感受，这何尝不也是一种对自己的控制、对自己的自律呢？

生活中的自律不应该是一种外在的强加，而应该是一种内在的领悟。它不仅仅是我们遵循的规则和计划，更是一种对自我的理解和尊重。按自己的节律生活本身就是一种自律。

最高级的自律，是让心灵自由而非让生活受限。

让我们重新审视自我与自身节律的关系，追求内在与外在的和谐，感受心灵与节律的共振。

如何找到自我生活的规律呢？

选择一段空闲的时间，向自身问询三个问题：

"你想要什么？"

"你要付出什么？"

"你是否愿意付出？"

无论是时间、精力，还是行动，只要你想，改变就已然发生。

既不放任自流，
也不过度逼迫自己，
自律是意志力与自我理解
之间的和谐。

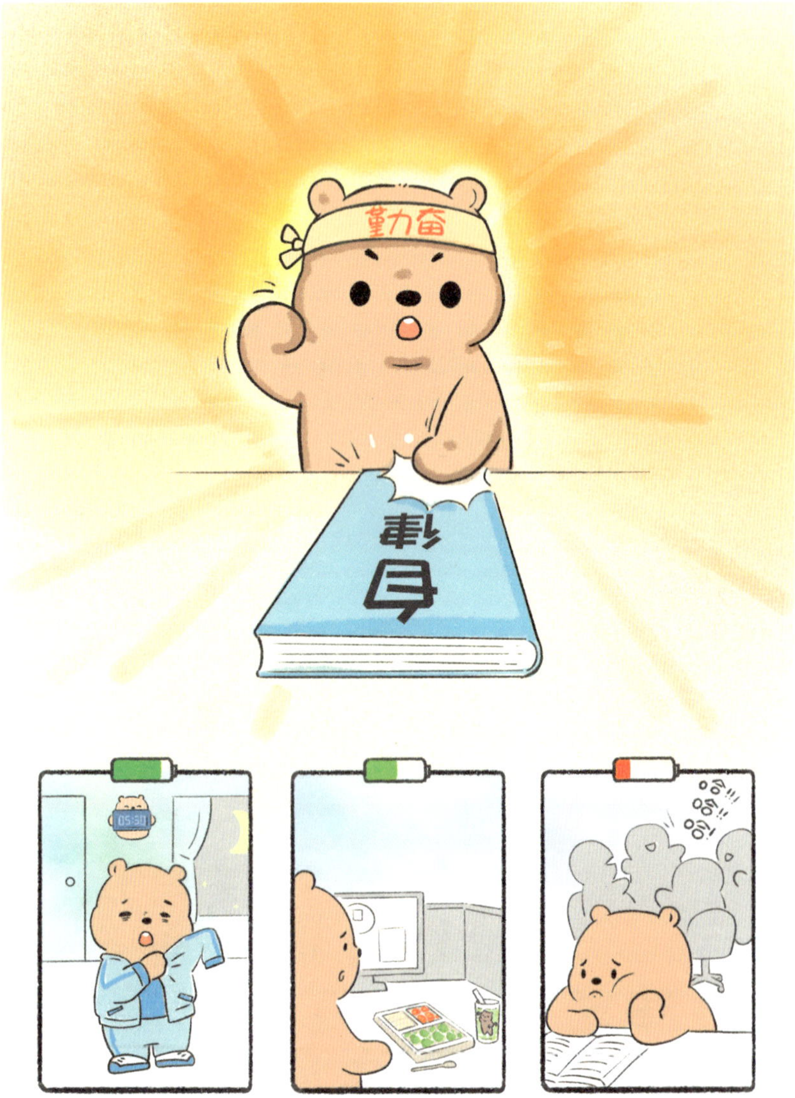

绝不打乱自己的节奏，自律是一种自我的恒心。

10 世界破破烂烂，猫狗缝缝补补

你有没有过与小动物们单独相处的时光呢？

想象在忙碌一天之后，手里拎着新买的宠物零食、玩具回家。开门走进这个温馨的空间，仿佛踏入了一个充满爱与陪伴的世界。小猫闻到了食物的香味，飞奔而来，用舌头轻轻舔舐着你的手心，表达友好与信任。

如今，越来越多的人选择养育宠物。在喂食、遛弯、共处的过程中，多少工作、生活的疲惫，都能被可爱的生灵抚平。

"不停给出我想得到的爱。"

我们对宠物的喜爱，正反映了当今社会人们内心深处的真正渴望——被无条件地关爱、理解和支持。 当我们遇到问题需要向人倾诉时，明明希望得到同情、安慰，却常常收获倾听者的意见、建议。也许他们并无恶意，但依旧忽视了你的情感需求。

小动物不会说话，它们只是倾听。动物也永远不会掩饰自己的喜爱和关心，它们希望得到人类的爱、关注与陪伴。研究发现，家中有宠物的家庭往往更加和谐，家庭成员之间的亲密度和沟通频率也更高。宠物成为家庭共同的责任和乐趣来源，也能激发家庭成员之间的合作精神和互助意识。

"**爱是宇宙中被压扁的猫。**" 布考斯基这样说道。

宠物的定义，不应仅仅局限在小猫、小狗的范畴内。

如果你对猫狗无感，又或是毛发过敏，大可以去尝试寻找生活中专属于你的情感链接。

豆瓣里的"戒断 jellycat 互助组"，原本是希望为无限制地买玩偶而感到烦恼的人们提供戒断帮助，最后大家却互相推荐起自己心中觉得更可爱的玩偶。

总有些生命，兜兜转转，为你而来。

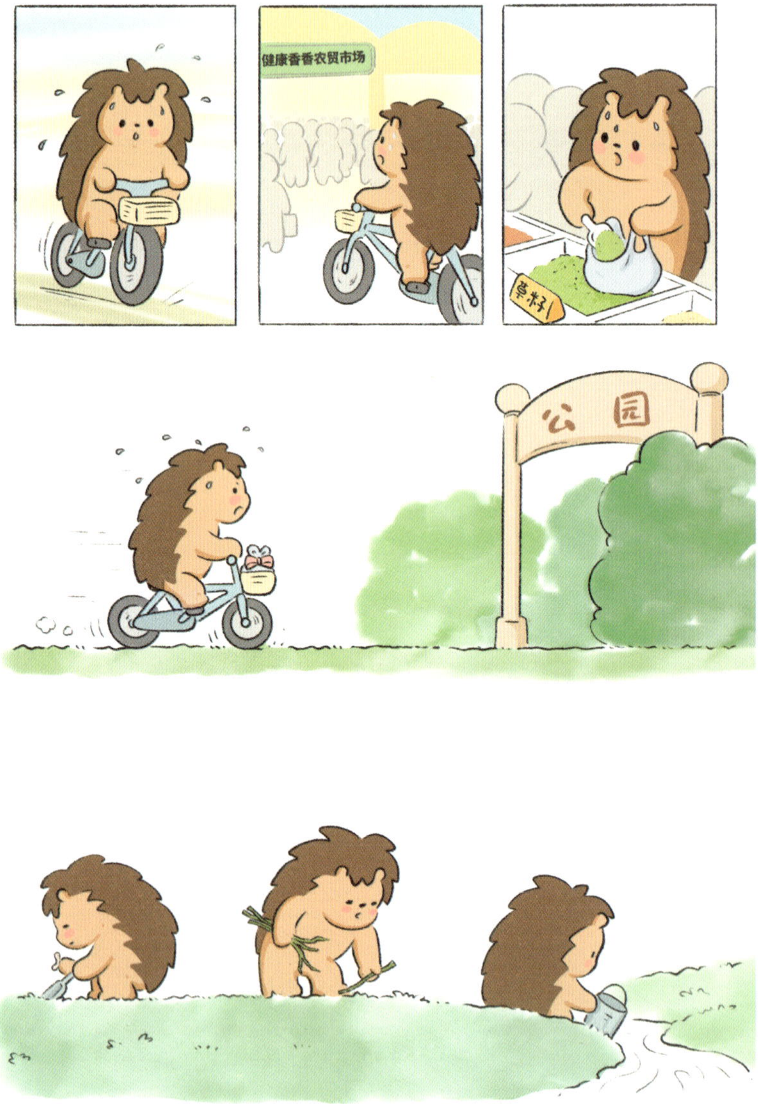
健康香香农贸市场
草料
公园

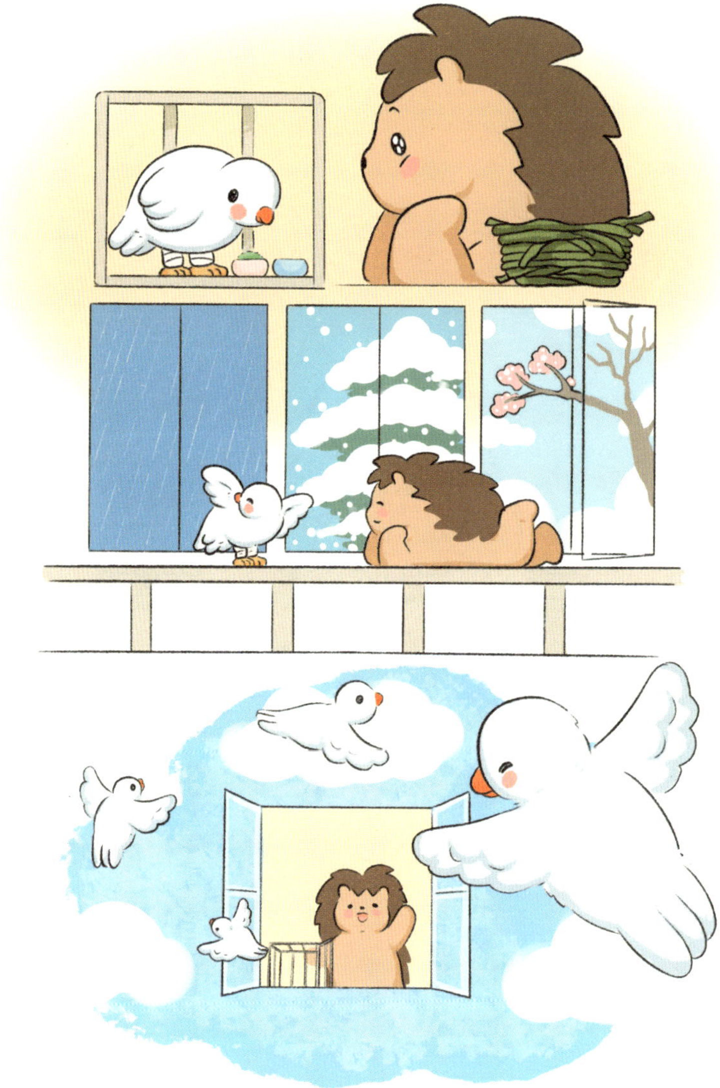

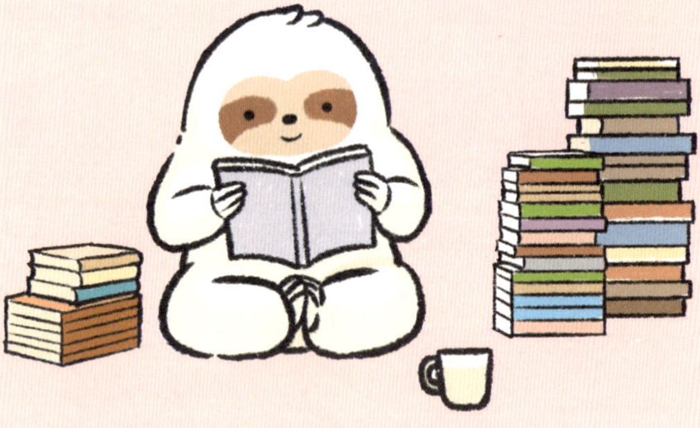

Chapter 5

自我成长:
进一寸有进一寸的欢喜

1 5%的改变，解决人生80%的问题

很多人的内耗和焦虑都来自"心理上渴望变好，行动上却力不从心"的状态。

人在困境中总是期待100%的改变，但人生是一个非常复杂的系统，无法设计出一条能100%达到你想要的改变的路径。

而我们总是在寻找那条不可能的完美路径，不敢行动，让目标成为停在脑中的"假想"。

我们在矛盾里不断迂回，把时间全部浪费在了幻想上。

某著名知识付费平台的CEO曾分享过一个"鲁莽定律"：**人生总有很多左右为难的事，如果你在做与不做之间纠结，那么，不要反复推演，立即去做。莽撞的人反而更容易赢。**

显然，这里的鲁莽是指不瞻前顾后。

千里之行，始于足下。

如何迈出第一步呢？答案是，做出5%的改变。

将被搁置的计划拿出来，不再去花过多时间关注效率和结果。

告诉自己：先做出 5% 的微小改变，无论好坏。

在这个过程中，你要接纳自己，允许一切发生，跟自己的不完美和解。不管怎样，都要做出一点点行动，即使这个行动本身看起来并没有太大的意义。

当你激活了最初的行动，就进入了一个行动、反馈、改进的正向循环，改变就此发生。

就像余世存在《时间之书》中所说的那样："年轻人，你的职责是平整土地，而非焦虑时光，你做三四月的事，在八九月自有答案。"

如果你不采取行动，即使世界上最实用、最可行、最完美的方法，也将变得毫无用处。人生就是一场宏大的战役，为了赢得这场战役，我们需要行动，行动，再行动！行动起来，你就会发现，原来困住你的问题，80% 都会烟消云散。

行动，才是抵达目的地的最佳捷径。

目标是看完一本"大部头",就先翻开读二十页,简单梳理人际关系、故事梗概,将标签提前贴在每章的章节页上。

所有事情都是从小的行动累积而成的。

在一个又一个 5% 中,曾以为难于登天的事情,不知不觉就做到了。

进一寸有一寸的欢喜

2 间歇性努力，持续性摆烂

萧伯纳曾言："自我控制是最强者的本能。" 擅长自控的人，规划能力强，做事井井有条，并尽一切可能拓宽生命的宽度、加深生命的深度，他们在有限的时间长河里经历更多、感悟更多，理所应当收获更充实和丰满的人生。

但每个人都不是生来即自律的，在试着学习如何与欲望相处的过程中，我们时常会陷入回避性自律的误区。

什么是回避性自律？

举一个简单的例子：期末复习周已经过半，在一段时间的荒废之后，发现考试迫在眉睫，复习材料却还没翻开过，只能疯狂地努力备考。在这种时刻，备考的决心总是来得快，去得急。明明前一天晚上还在通宵达旦地复习，第二天就又开始睡懒觉、玩游戏。

这种不稳定的、时刻被状态波动影响的自律就是回避性自律。 之所以称作"回避"，是因为其本身是为了避免某种状态的出现所做出的应激反应。等这种状态过去或稍微好转，就会立马松懈。

某种意义上，回避性自律是为了躲避痛苦，其驱动力的大小与痛苦程度成正比，你越是感到痛苦，你的动力就越大，反之亦然。事实上，这样的行动与负面因素的联结太深刻，与自律的初衷是背道而驰的，会让人产生一种努力只是为了不那么痛苦的消极联想，自然难以坚持。

如果想收获好的结果，形成良性的闭环，我们需要做到趋向性自律。

趋向性自律的出发点就是为了理想的事物去奋斗，在努力之后收获期待中的结果；下次目标出现时，就会越发积极地去面对。

你要以终为始，找到你自己真正的目标，做长期主义者。不急于求成，不因一时的动荡影响自己的决心。把眼光放远到五年十年甚至一生的长期计划上，这样，眼下的成败就不至于打乱自己的节奏。

只有度过漫漫时光，我们才能真正看清，什么是禁得起时间考验，对多年后的自己来说仍然重要的愿景，而什么只是一时的欲望所致，实则无足挂齿。

我们不要"常立志"，而要"立常志"。把人生的清单列得精炼且深远,养成一种稳定的、成熟的、自主的自律习惯,不臣服于痛苦,不回避,把自己的动力来源调整成对美好的未来和实现目标的渴望。

"敢进窄门,愿走远路。"

要根治回避性自律,重点理所当然要放在改变"回避"上。改变为回避某事而去努力的思维惯性,反向思考,我们是为了达成什么愿望而努力的?

写出一个21天后想要达成的目标，
再对未来的自己说一句话。

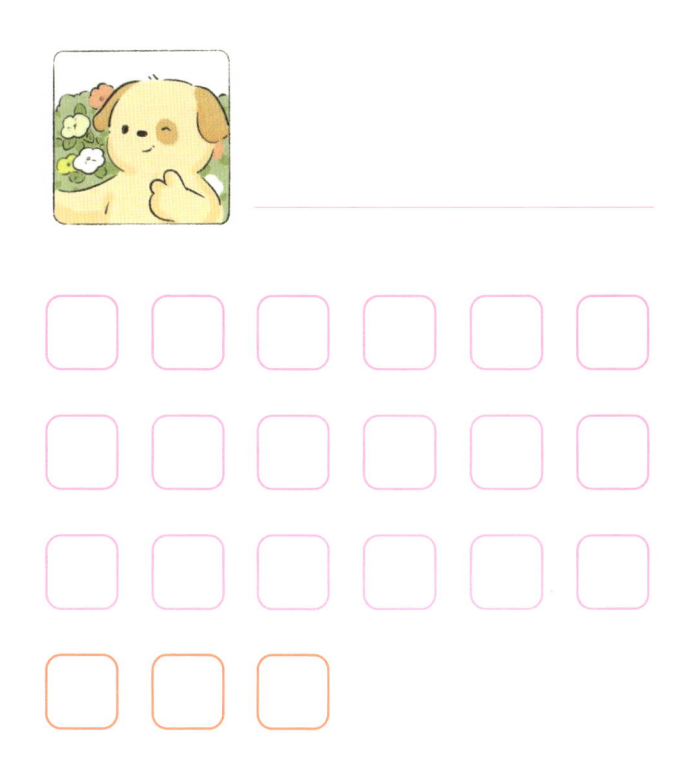

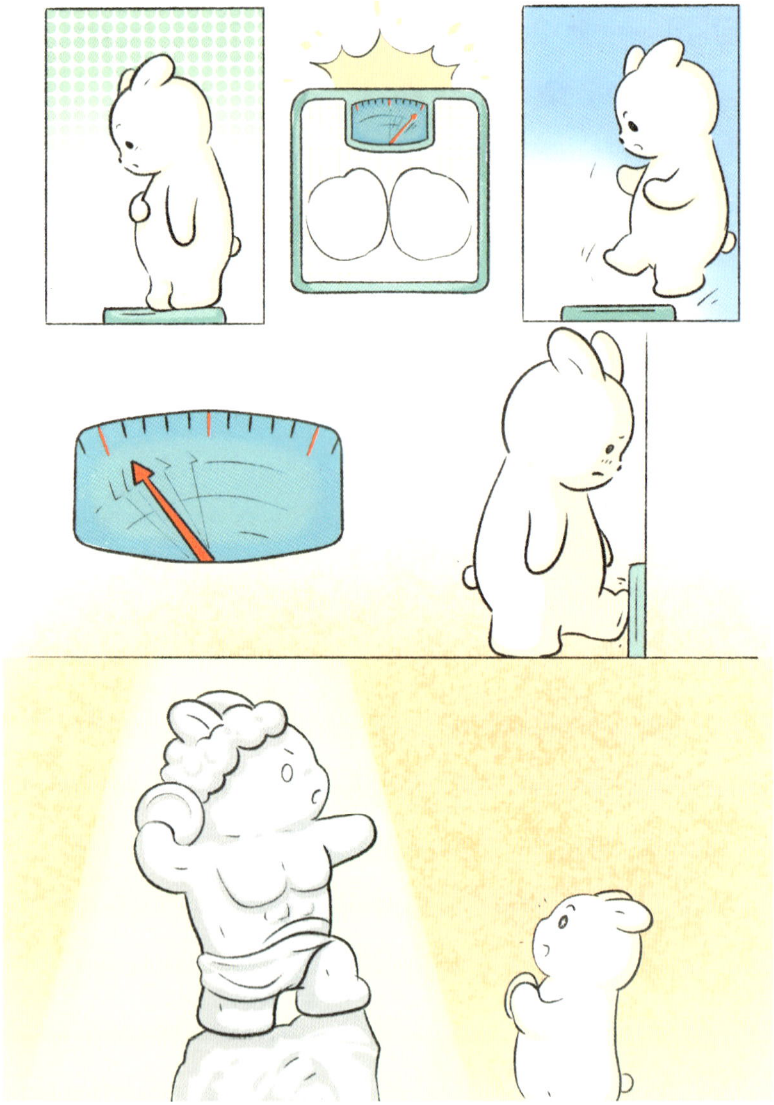

209

3 忍住不吃棉花糖的小孩

20世纪60年代,美国斯坦福大学的心理学教授沃尔特·米歇尔(Walter Mischel)设计了一个著名的实验。研究人员将孩子们喜欢的零食摆在他们面前,孩子们可以自由选择立刻吃掉或者不吃。但是在实验开始前,孩子们被告知,如果稍作等待后再吃,将会得到额外的奖励。

实验的结果颇具启发性:大部分孩子难以抗拒眼前的诱惑,选择了立即品尝零食;而只有少数孩子选择了等待,并最终获得了额外的奖励。

这种为了更长远的利益,暂时忍受当下诱惑的抉择取向,我们称之为"延迟满足"。

延迟满足就像是和未来的自己签订一个契约,约定好在长远利益和当下满足之间,坚定地选择更长远、更有价值的选项。

延迟满足,既要有延迟也要有满足。延迟意味着等待,需要做时间的朋友；满足意味着愿望实现后身心愉悦的状态。

延迟满足本质上是能够看清事物的本质，从而做出更优的决策。

因此，不是所有事情都需要延迟满足，我们应理性地把握延迟满足和享受当下之间的平衡。

在必需而又不会对未来带来损耗的事情上，只要想要就去想办法得到。对有些转瞬即逝的美好，我们要有分寸地满足自己。真正需要延迟满足的是那些非必需，且及时满足会牺牲你的长远利益的事情。

真正厉害的人，面对欲望，会为自己的快乐与痛苦重新排序。这让他们既可以享受当下的美好，也能直面当下的问题；同时，不沉溺于当下的享乐，而是坚持不懈地提升自我，向着目标和理想笃定地前行。

真正的延迟满足，是一场身心愉快的自我掌控。

想象一场闯关游戏，学会自己奖励自己。就像每闯过一关，勇士都会获得宝石的奖赏一样，每次达成一个目标都要试着赞美、奖励自己。

老板，要一根棉花糖。

你也尝尝吧！

谢谢你啦，下次吧。

就算不得100分,也要吃甜甜的棉花糖呀!

4 阻止你起舞的人，其实是你自己

如果有人告诉你，有些人总是给自己使绊子，你是不是觉得匪夷所思？

但下面的这种情形，你应该不会陌生。

大考临近，同学们都在挑灯夜战。然而，在这分秒必争的时刻，总有一些同学不是打球就是玩游戏，但就是不看一眼书。

若最终取得了好成绩，他会表现得云淡风轻，让人感觉大家拼尽全力的考试，对他而言简直就是易如反掌，他就是天赋异禀的学霸。如果最后的结果是考砸了，他就会满不在乎地说："我只是没复习，只要我稍微用点功，我肯定能考出好成绩。"

这种行为，在心理学上叫作"自我妨碍"，是指个体在面对潜在的成功或失败的情境时，会无意识或有意识地设置障碍，以保护自己的自尊心免受可能的负面评价。一旦失败，他们便可以轻松地将责任推给外部因素，而不是承认自己无能或天赋不行。

大部分人的自我妨碍都源于对失败的恐惧，以及对自尊心和自我价值感的维护。究其本质，是对安全感的追求。

只有确定性才能让我们感到安全。但在世界的不确定性和人性对确定性的追求中，安全感不过是个幻象。所谓安全感，就是恐惧的樊笼。如果你自己不去打破它，你将会永远被囚禁在恐惧之中。

事实上，人生的不安全感大多来自对安全感的过度追求。

在充满不确定性的世界里，如果我们一味追求确定性，就会丧失抵抗风险的能力，而这才是人生最大的不安全。

正如派克在《少有人走的路》一书中说："人生唯一的安全感，来自于充分体验人生的不安全感。" 当你直面内心的恐惧，接纳不安全的现实，接受失败的可能性时，也许你就会发现，失败只不过是一种最普通的人生体验。

而人总要有那么一次义无反顾的体验，冲出"安全区"，不计较得失，不在乎结果，为自己想要的生活而战。也只有这样，我们才有机会成功，才有机会激发自己的最大潜能。

如果你有幸拥有一次为自己勇敢的机会，遇到一件即使极有可能会失败、会被世人嘲笑，但你仍然会奋不顾身地去做的事情，那么恭喜你，在这一刻，你终于冲破了恐惧的藩篱，把自己交还给了自己。

困在自己设置的安全区中苦苦挣扎的时候,尝试告诉自己:改变意味着失去,新情况也的确让人不安。但"大大方方地付出,兴致勃勃地失败",一点都不丢人。

"向前走,穿过它。"

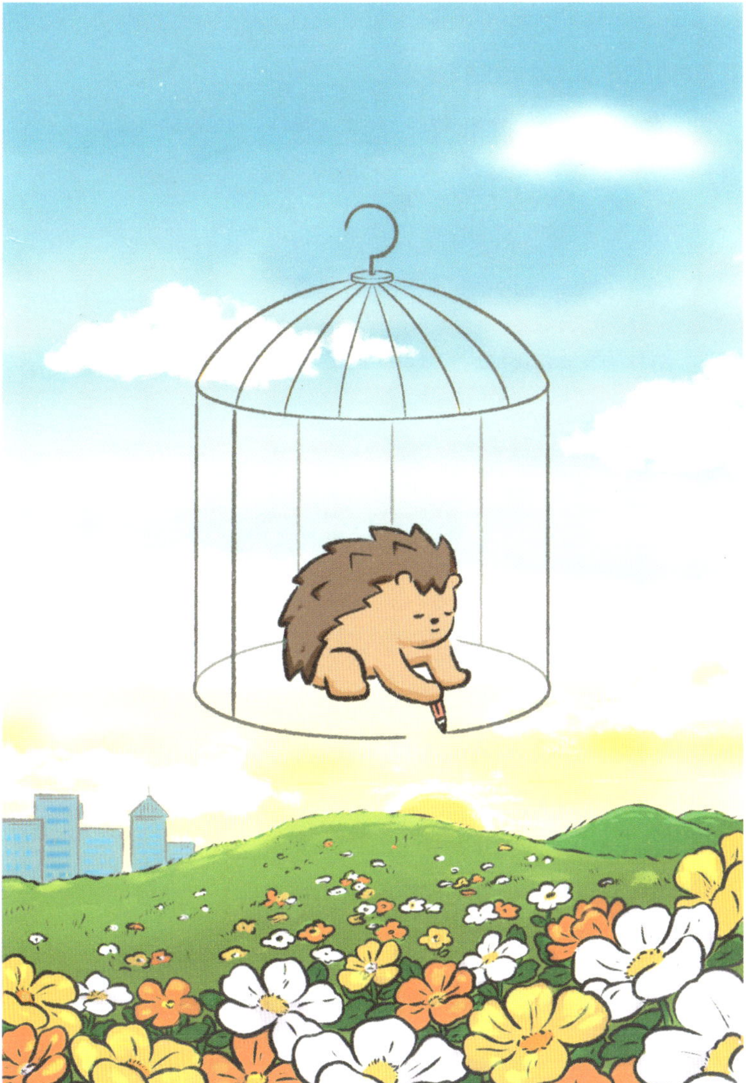

5 人生这点责任，自己负

重启人生的机会悄然降临，每一步都影响着你未来的人生道路，你会如何选择？

在填报大学志愿时，你是否曾因周围人的建议而动摇，倾向选择热门且就业前景明朗的专业，而忽略了自己内心对文学的热爱与向往？

求职路上，面对两份截然不同的工作，你是否曾犹豫不决？一份工作稳定且待遇优厚，但晋升空间有限；另一份工作则充满挑战，专业性强，难度高，却是你心仪的新兴行业。

这些看似简单的选择，实则蕴含着我们在生活中的种种困惑与挣扎——究竟是追随内心的喜好，还是迎合世俗的期待？

人本主义心理学家马斯洛曾言："人类最美妙的命运，莫过于从事自己热爱的事业，并从中获得应有的回报。"这句话中，"热爱"无疑是前提和基础。

在做出选择之前,我们或许应该深入思考这一问题的本质。那些所谓正确选项,往往披着光鲜亮丽的外衣,在他人眼中无疑是正确的。一旦达成目标,你可能会赢得尊重、称赞等正向反馈。

而"我喜欢的",则是自我眼中的正确选项。

在马斯洛的需求层次理论中,自我实现的需求位于尊重需求之上,这意味着实现自我价值、追求内心所爱是更为高级的需求。

然而,在现实生活中,我们太执着于追求那些看似完美的、正确的标签,反而忽略了自己真正的心之所向。

其实,任何选择都会有局限性。我们能做的,是发自内心地尽最大努力,选择你爱的,爱你所选择的。

"自己喜欢的东西,就不要再征询他人的意见了,人生这点责任,自己负。"

在《宝贵的人生建议》中凯文·凯利曾言:

"用你喜欢和接受的东西,而不是你厌恶和拒绝的东西,来定义你自己。"

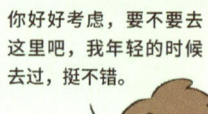

你好好考虑，要不要去这里吧，我年轻的时候去过，挺不错。

朋友们组织了一个旅行团，你想一起去吗？

名字也很可爱，好想去啊！

我想好去哪里啦！	嗯嗯，你们去吧！玩得开心！	

嗯嗯，你们去吧！玩得开心！

6 你也爱拖延？那挺好的

在这个快节奏的时代,"DDL(截止日期)才是第一生产力"似乎成了年轻人信奉的金科玉律;而拖延则被视为懒散和自律不足的象征。其实,对于拖延这种普遍现象,每个人都有所体验,只是程度不同而已。

已然如此,就让我们顺从人性吧。

心理学中的动机水平理论——耶克斯多德森定律——阐述了动机强度和行为效率之间的关系。

研究表明,中等强度的动机最有利于任务的完成。如果个体动机水平没有调整到最佳状态,即动机水平过高或过低,都会影响工作的完成效率。

拖延带来的并非全然负面的影响。当面对任务时,选择了推迟拖延,可能是因为任务复杂、庞大,也可能源于我们内心的焦虑和不安。有时候,拖延或许正是我们内心在寻求的一种平衡与调整的方式,它可能还蕴含着一些出人意料的益处。

那么,拖延行为的好处究竟体现在哪里呢?

拖延能够让我们更深入地思考问题。当我们推迟做某事时,即使没有主动行动,我们的潜意识也在悄悄寻找着解决方案。**"思考就是大脑的内部对话。"这段"悬而未决"的时间往往会带来令人惊喜的创意和见解。**

拖延也可以帮助我们更有效地管理情绪和精力。当面对着多个紧迫的任务时,我们可能会感到不知所措。拖延作为一种自我保护机制,能够为我们提供喘息的时间,让我们有时间调整心态,合理分配自身的注意力和能量,以便更好地应对挑战。

拖延也能帮助我们更清晰地识别出真正重要的事情。在拖延的过程中,我们有机会重新审视自己的目标和价值观,从而更有针对性地规划和安排时间。

"你在寻找的奇迹就隐藏在你一直逃避的行动里。"

24 小时圆饼图,即把你一天中主要时间的分配模式画出来,除去吃睡、工作、休闲等,你会发现其中有一段时间根本想不到要写些什么,那就是你的"空白的 1 小时",请利用起来。

创作就是要持之以恒，不能犹豫和拖延。

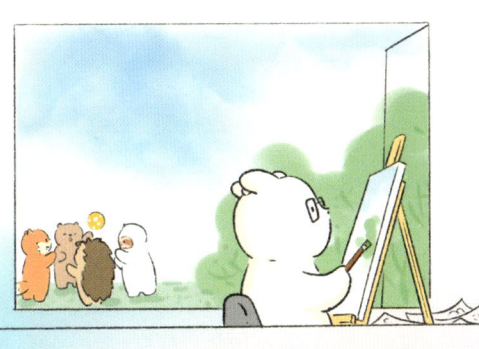

可能我也爱拖延……

九九老师，咱们创作得怎么样啦？

大鱼九九

7 适度放手，拥抱不完美

你是否有过这样的体验？无论做什么，都希望能够拿满分。

上学时，你渴望成为一名出类拔萃的好学生；

步入职场后，你梦想成为一名优秀的骨干；

同时，你还希望成为一个好的家人、好的朋友、好的恋人，为身边的人提供丰富的情感价值；

…………

然而，这些美好的愿景真的都能一一实现吗？

设想一个场景：你去爬山，结果在半途遭遇大雨，不得不匆匆返程。这时，你也许会不断地埋怨自己：为什么没有带伞？为什么没有选择去室内攀岩？……然而，生活中总有许多我们无法预料和控制的因素，如果总是纠结于自己没有做好完美的规划，只会给自己添堵。

但完美只能是一种理想，而不可能是一种存在。

许多未知的隐性因素，在一件事情的达成中，起着或大或小的作用。明白这一点，并不意味着我们要消极地向这些隐性因素投降，而是应该给自己松绑。

对于我们确实无法决定其走向的事，不妨试着放下对完美的执着，不要过分看重结果。成功除了需要能力、时机等，有时还需要运气的"加持"，不完全受人左右。

心理学家唐纳德·温尼科特（Donald Winnicott）曾提出"60分妈妈"的概念。他认为：一个事事力求完美的妈妈，会让孩子体会到难以承受的控制欲。同样，我们也可以用这样的心态把自己重新养育一遍。

"60分"是一种"刚刚好"的松弛状态，让人能够认识并接受自己的不完美，把自己的感受放在第一位。

"美"是一个过程，而非静止不变的终点。在这个过程中，美与丑、完整与残缺、永恒与瞬息相互交织，永不停歇地流动。

接纳世界的不完美，接纳自身的不完美。深刻认识到生命的脆弱，让我们在不完美中寻找生活的坚韧与真实。

"所谓完美，就是耳机音量刚好盖过外界的噪声，闹钟响起时你刚好自然醒，你爱的人刚好也爱你。"

大家觉得前几幕的我做到最好了吗?

没有吧?看起来好像都差一点。

什么最好最差的,总比什么都不做强。

"最好"是自己心里的标准,不是世俗的标准。

只要我们走在探索美、世界和自己内心的道路上,那么每一步都很宝贵。

8 夺回生活掌控感

生而为人,我们有着种种与生俱来的本能与需求。当肚子饥饿时,我们寻求食物;当口渴时,我们渴望饮水;当心灵受伤时,我们流泪宣泄;而当心中有所向往时,我们则积极追求。这些看似平凡的举动,实则构成了我们生活的基础,并赋予我们一种对生活的掌控感,让我们自如地应对生活。

一旦失去了对生活的掌控感,无助与沮丧便会如潮水般涌来,逐渐侵蚀我们的活力与对生活的热爱。

掌控感,即我们对生活中所发生的一切事情的控制力和主动性,以及由此产生的内心体验。它关乎我们能否驾驭自己的行为,影响所处的环境,从而塑造自己想要的生活。

很多时候,人们陷入焦虑的本质是对失去掌控感的恐惧。有些人倾向于将生活的起伏归因于外部因素,如运气、命运或他人的行为,认为这些因素主导着自己的生活。这种高外部控制感,会让人感觉自己的生活似乎总是被无形的力量所操控，从而陷入无助与迷茫中。

那么，如何才能重建生活的秩序感，从恶性循环中挣脱呢？

答案其实就隐藏在我们的日常生活中。 我们可以从自己的日常安排入手，找到一个合适的切入点，然后各个击破，逐步更新自己的生活。

在寻常的日子，时间总在不知不觉中流过，我们往往忽视了"日常"的积极力量，甚至觉得它单调、乏味。但正是日常生活的有序，带给我们稳定的情绪和真实的安全感。

因此，我们要有觉察地度过每一天，活在当下，用心和世界真实相处。

我们还可以通过查看手机系统记录的各种软件的使用时长，了解自己每天把最多的时间花在什么事情上。据此思考，是否需要在这些事情上投入更多或更少的时间，以使自己的生活更加高效和有意义。通过这种方式，我们可以逐渐让自己的生活变得更加可控和有序。

从日常中，感受生活的意义。把控制权牢牢掌握在自己手中，我们才能不再为变化而担忧，也不会被未知所困扰，在面临意外时也不致手忙脚乱。

学会自我掌控，心中有向往的目标，手上有完备的计划，积极、乐观地做自己人生的主人。人生短短三万天，选择过什么样的生活，最终都是我们自己的课题。

"失败清单"是由斯坦福大学心理学家凯利·麦格尼格尔（Kelly McGonigal）提出的。就是做一件事之前，可以把最坏的各种情况都列出来，并且想好应对方法。

在你因某件事即将失控而感到无措的时刻，在一张小纸条上列出可能遇到的最糟情况，把它揣在口袋里。当糟糕情况发生时，你的第一反应并不是焦虑，而是有点开心："哈，被我猜中了吧！"

掌控自己不是放任自己，想做什么就做什么，相反，这是一个与欲望和懒惰作斗争的过程。

上课不要走神！	 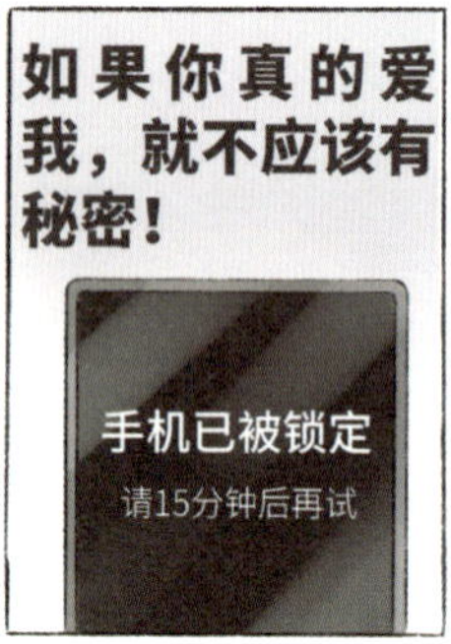 如果你真的爱我，就不应该有秘密！	业绩没有增长，大家各自也要多找找原因！
	手机已被锁定 请15分钟后再试	

苹果图：

- 最外层（我需要接纳的）：长相外观、时间的流逝、自然灾害、家庭的关系、交通堵塞、他人的观点、天气的变化、家族的期待、疾病、离你远去、他人的人生选择
- 中间层（我受到影响的）：他人对我的评价
- 核心（我能掌控的）：
  - 对自己的关爱
  - 我的生活节奏
  - 我的消费习惯
  - 我的作息时间
  - 我吃什么食物
  - 我的情绪
  - 我的卫生情况

9 慢慢来也可以

在某个风和日丽的下午,闲逛时遇到一家街边的古着店。它明明开在闹市区,却装潢得十分低调。既没有浮夸显眼的招牌,也没有站在门口吆喝揽客的店员。如果赶时间,你甚至不会关注到那家店。

推开门,伴随着悦耳的风铃声,你走进店内,坐在茶台旁看书的老板微笑着朝你颔首。她见你认真选购,便欣然分享起每件物品的故事。老板学识渊博,娓娓而谈,你们在那家小店里度过了愉快的一下午。

离开时你问她,为什么不把招牌改得醒目一点,这样的门脸大家都看不到,不会担心倒闭吗?她却说,慢慢来嘛,等像你这样的顾客越来越多,我的店就会被更多人光顾,我不急。

"应付生活中各种问题的勇气,能说明一个人如何定义生活的意义。"

在这个信息过载甚至爆炸的时代，我们的生活被塞得满满当当。

如果没有足够的定力，很容易迷失在这些过量的信息刺激中。

许多人明明有自己的人生路线，但看到旁人都在奔跑着赶路，便也开始冲刺，力图与时间赛跑，妄求看不同时区的风景。直到庸庸碌碌地度过大半生，回首发现自己根本不明白在追逐什么，这条路的终点又是什么。当初只是因为别人交了卷，就乱写自己的答案。

正因如此，那家小店才让人格外记忆深刻。即使周遭的店铺门庭若市，赚得盆满钵满，它也依旧坚守阵地。做自己喜欢的事情，允许自己慢慢来。

万物皆有时，世间所有事物都有其运行的规律，这些都急不来。一切美好只有经历过时间的沉淀，才能有我们最终看到的美好模样。

在这路遥马急的人间，慢慢来是一种诚意。愿你和兵荒马乱的人生握手言和，以自己喜欢的方式过一生。

但其实每个人在自己的时区有自己的步程。

不用嫉妒或嘲笑他们。

他们都在自己的时区里,你也是!

生命就是等待正确的行动时机。

············

你没有落后,

你没有领先。

在命运为你安排的属于自己的时区里,

一切都非常准时。

——节选自《走在自己的时区里》

观察一朵云，记录它的形状变化。

一定能马上开花！

怎么还没开花?

还没到时间呢!

10 将"世事无常"纳入日常的人生哲学

未知,是什么?

如果你上网搜索,答案会告诉你,这是一种迷茫的感知状态。简单来说,未知,就是那些你所不知道或不能知道的东西。

受时空的限制,人对于事物的认知永远充满局限性。

因为未知而恐惧,因为思考而矛盾,因为靠近而怀疑,因为怀疑而犹豫不决,而这,就是人性。

人们往往把未知和危险画上等号,偏安一隅。

在一段关系里,我们需要坦诚剖白,甚至互相交换秘密,来寻求安全感;面对生活,我们也想要知道更多、掌控更多,以谋求内心的踏实。

但你永远不知道明天和意外哪个会先来,也永远不会知道明天究竟会是惊喜,还是失落,是得到,还是失去。

当不确定性成为常态时,我们需要向内看。

心理韧性（Resilience）是一个概念，它描述了人们在面对挑战和压力时展现出的适应和恢复能力。 尽管学术界对心理韧性的具体定义和影响因素尚未完全达成一致，但普遍认为心理韧性对个体应对压力事件具有重要影响。这种性格特征有助于人们在不同条件下调整心态，更有效地处理问题。

身处瞬息万变的时代，心理韧性让我们能够不断适应、处变不惊，有底气抵御未来的不确定性。真正的强大不是对抗，而是允许发生。

人生总有起起落落，既有绚烂的高光时刻，也有难熬的至暗经历。提高心理韧性，会让我们有足够的心理空间去应对状况百出的生活，把经历化为阅历，丰盈自己的生命。

生活就像蒙着面纱的神秘人，但心理韧性让我们的心智有足够的"带宽"看到它的另一面。

你不能知晓全貌，不能揭开它的面纱凑近端详，只能远远地像隔着一层雾一般，一边思考，一边猜测。

但，未来不可知，也恰好是它的迷人之处，不是吗？

不清楚明天究竟会怎样，也就是说，明天还有无数可能。因为未来没有定数，人生才更有冒险的快乐。

所以，不要害怕无常，不要害怕世事的不断变迁。把握你所能把握的。

人生是广袤无垠的旷野，一路上每个人所要面临的境遇都不一样。困住我们的很有可能不是环境，而是我们面对未知时缺失的勇气。

世事无常，就是世事之常。把"世事无常"纳入日常，拥有驭变而行的力量。

不要把"我害怕"挂在嘴边。

在面对即将到来的事情时，不要说"我害怕"。害怕结果不如人意，害怕事情走向失控……直面恐惧，任由其穿过你。当它过去之后，洞悉它的轨迹。

尝试说："我尽力。"

明天不知道会发生什么，但我会尽力。

告诉自己，无论什么情况，我都不害怕，都会尽我所能。

**除了我本身之外，
一切都只是流逝的时间。**

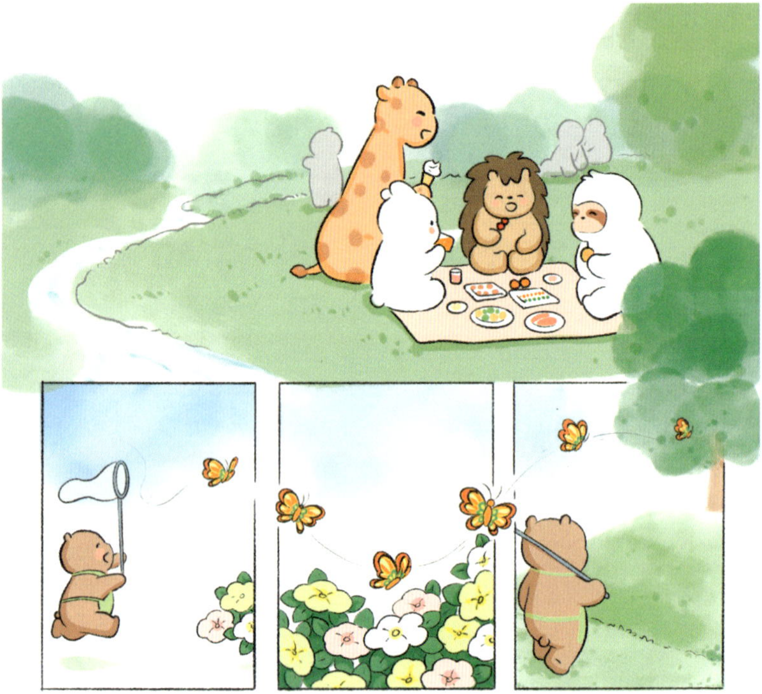

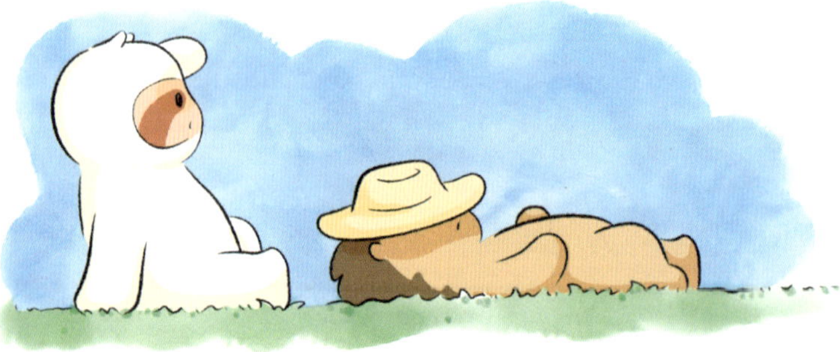

他今天没捕到蝴蝶，会不会觉得遗憾呢？

会吧！如果我跑很久还一无所获的话……

不会呀！

他只是享受春天扑蝴蝶的乐趣，以后回忆起这一刻会觉得幸福。

你们在聊什么呐？